TOUTE LA PHYSIQUE [ou presque] EN 15 ÉQUATIONS

BRUNO MANSOULIÉ
Illustrations de Lison Bernet

TOUTE LA PHYSIQUE [ou presque] EN 15 ÉQUATIONS

Flammarion

ISBN : 978-2-0814-8678-2

Avant-propos
Le monde en équation(s)

Je suis chercheur dans le domaine de la physique des particules – qu'on devrait plutôt appeler la « physique de l'élémentaire ». Mon but est de comprendre quels sont les constituants fondamentaux de la nature et leurs interactions, des plus petites particules jusqu'aux structures les plus étendues de l'Univers.

Avec cet ouvrage, j'aimerais, dans la mesure du possible, réconcilier tous les lecteurs avec les équations. Je pense à ceux qui ne les ont jamais fréquentées, ou ceux pour qui les premières rencontres ont été décevantes, voire traumatisantes.

Nous autres physiciens vivons avec deux visions : celle de tout le monde bien sûr, mais aussi celle que procurent les lois physiques, les équations. Le public admet très bien cette dualité pour un musicien : ce dernier est un artiste, mais il possède aussi une large connaissance théorique et une solide technique. Tout le monde comprend qu'avec beaucoup de pratique, le musicien s'approprie l'aspect technique tout en restant libre d'accéder à une vision artistique. On l'admet moins pour un physicien, que l'image d'Épinal représente perdu dans ses équations et déconnecté de la réalité.

Il est vrai qu'une grande partie du savoir scientifique se présente sous forme de lois, d'équations. Mais, même si cela peut surprendre, les équations peuvent devenir si familières, que la vision du monde « par les équations » et la vision courante finissent par se confondre.

Un exemple ? Lorsque je regarde un arc-en-ciel, je n'ai pas directement à l'esprit les lois de la réfraction de la lumière. Je suis, comme tout le monde, admiratif de la beauté du paysage, soulignée par l'arc. Mais « derrière », il y a un tout un pan de savoir et de pratique sur la lumière, sa propagation, sa nature physique, qui s'intègre silencieusement à ma vision de l'arc-en-ciel. Exactement comme un musicien jouit du morceau qu'il écoute sans prendre vraiment conscience de sa tonalité, du type d'accord et de la structure rythmique utilisés. Certes, si vous l'interrogez à brûle-pourpoint, il vous répondra certainement et saura préciser chacun de ces points techniques... sans que cela ne dégrade en rien sa sensibilité pour le morceau.

De la même façon, connaître les équations de la physique ne réduit en rien ma vision d'un arc-en-ciel. Au contraire, cela en accroîtrait plutôt la beauté : quelle chance de vivre dans cet univers-là, où les lois de la physique sont telles qu'elles engendrent des phénomènes aussi variés, et dont certains, comme un arc-en-ciel, n'ont d'autre utilité que de nous émouvoir !

Vers l'équation du tout

Le choix des équations traitées dans ce livre pourra paraître arbitraire au physicien professionnel ou amateur. Voici ce qui a guidé ma sélection : chaque équation témoigne d'une évolution ou parfois d'une véritable révolution scientifique.

Chacune trahit en effet une certaine conception du monde ou d'un phénomène : lumière, matière, chaleur, etc. Les premières lois, formulées alors que les mathématiques investissent la physique, restent timides, restreintes à un domaine d'application, comme les lois de la réflexion et de la réfraction de la lumière.

Puis l'ambition s'accroît : il s'agit de s'inscrire dans un cadre toujours plus grand avec une visée universelle. C'est ainsi que Isaac Newton comprend que l'attraction entre Terre et Lune est identique à la force qui fait tomber une pomme d'un arbre ; de même, Maxwell unifie électricité et magnétisme, tandis que la physique et la chimie moderne expliquent que tous les éléments chimiques sont construits à partir de protons, neutrons et électrons. Au début du XXe siècle, la relativité et la mécanique quantique remettent en cause les notions mêmes d'espace, de temps et de matière, avant que la cosmologie ne finisse par prendre l'Univers entier comme sujet d'étude.

Aujourd'hui, l'obsession des physiciens de l'élémentaire est de tout englober dans une seule théorie « minimale ». Or, comme nous le verrons à la fin de ce livre, la formulation moderne d'une théorie physique est, dans l'idéal, entièrement contenue dans une seule équation. C'est pourquoi on entend souvent dire que les physiciens cherchent « l'équation du monde », ou « l'équation du tout ». Évidemment, cette idée est caricaturale. À quoi pourra ressembler l'équation ultime ? Je n'ai pas la réponse, mais à travers les exemples qui suivent, j'essaierai de vous donner le goût pour cette quête d'une formule élégante et puissante, susceptible de nous aider à comprendre le monde.

Sublimes équations...

Les équations de la physique suscitent à la fois respect, fascination et crainte. Même si on n'a pas fait de longues études, ou si l'on est rebelle à toute forme de mathématiques, on connaît $E = mc^2$ et on l'associe vaguement à la puissance surhumaine de l'énergie nucléaire. Dans l'imaginaire collectif, les équations restent le symbole du pouvoir de la science, mais aussi de sa froideur, de sa déshumanisation.

Lorsque j'interviens auprès du grand public, c'est la première exigence : « Et surtout, pas d'équations ! » Je tente pourtant de leur répondre que certaines sont très simples, n'expriment rien de plus qu'une proportionnalité, ou une dépendance directe d'une grandeur par rapport à une autre. L'effort pour les comprendre n'est certainement pas plus important que pour décrypter la notice de mise en œuvre d'une boîte de connexion à Internet. Rien n'y fait : pour tout organisateur de conférences ou tout journaliste, l'équation fait fuir le public.

Pourtant, l'auditoire sait aussi que les sciences, et les mathématiques à leur service, sont à l'œuvre dans tous les aspects de la vie courante, qu'un avion ou un smartphone ont été conçus et réalisés par des ingénieurs qui eux, maîtrisent et manipulent les équations. Mais on préfère l'ignorer, leur laisser ces outils rebutants.

Je crois que cette défiance envers les mathématiques en général, et envers les mathématiques comme lois physiques en particulier, a des causes plus profondes que la simple aversion pour les formules. Les équations nous obligent à une certaine discipline intellectuelle. Elles ne disent pas le contraire de ce qu'elles indiquaient la veille. Elles nous obligent à préciser notre pensée, à ne pas rester dans le flou lorsque nous parlons à quelqu'un. Et cette discipline peut gêner. C'est si commode parfois, le flou...

Je ne dis pas que les équations de la physique sont « vraies », je dis qu'elles sont « sincères ». En écrivant les équations de la mécanique newtonienne qui, depuis le XVIIe siècle, décrivent le mouvement des astres, des obus et des manèges, je ne prétends pas expliquer l'ensemble du monde, soit pourquoi le Soleil brille, pourquoi les petites fleurs poussent ou pourquoi j'ai mal à la tête. Mais ces équations me proposent un modèle, un ensemble cohérent de relations entre les positions observées des astres ou entre les forces que je ressens dans un manège. Libre à moi d'appliquer ce modèle à bon escient, aux objets et phénomènes que j'ai moi-même estimé faire partie de son domaine de validité. Je pourrais même tester les limites de ce domaine, faire des mesures, effectuer des expériences ou simplement explorer par l'esprit les conséquences de ces équations : décrivent-elles le monde à très grandes ou à très petites distances ? Etc.

Liberté équation

Je fais souvent aux étudiants la recommandation suivante : « Il n'est pas question de tout savoir. Ce qu'il faut, c'est savoir ce que l'on sait, et savoir ce que l'on ne sait pas. »

C'est ce que signifie une bonne équation en physique : elle résume ce que l'on sait, dans un certain domaine. Ses variables définissent les objets et les concepts dont on est en train de parler. Pas plus, pas moins.

Le maître mot est « liberté ». Cela peut sembler paradoxal, mais écrire une équation pour comprendre le monde, ce n'est pas réduire ce faisant notre vision du monde, mais bien l'inverse. C'est faire le choix d'une *certaine* vision d'une *certaine partie* du monde. Ce choix est librement consenti, et souvent consensuel. Ensemble, nous avons défini un langage commun et nous convenons qu'une partie, elle aussi convenue entre nous, des phénomènes du monde, peut être décrite par cette équation. Et maintenant, nous pouvons avancer, utiliser ce modèle dans son domaine pour soigner les gens ou fabriquer des smartphones, et partir à la découverte du monde au-delà de ce domaine. Au moins nous ne risquons plus d'ergoter sur des définitions, de prendre des cas particuliers pour des généralités, ni de nous laisser dicter notre vision du monde par d'autres.

Voilà pour la partie rationnelle. Mais les équations possèdent aussi un aspect sensible. Certaines simplement par leur graphisme, même si on ne comprend pas leur signification mathématique ou physique. La courbe sensuelle d'un ∂, la flèche agressive d'un $\vec{p}$, ou la flèche ambiguë d'un $\overleftrightarrow{d}$...

Certaines par l'élégance des concepts qu'elles utilisent.

D'autre part leur puissance et l'étendue de leurs conséquences.

D'autres encore se placent sur un plan personnel : qui nous l'a enseignée, à qui nous l'avons enseignée, etc. Le moment où on l'a vue la première fois en cours ou dans un livre, et la période correspondante de notre vie privée. En quoi elle a changé notre vision du monde.

Les espaces intérieurs qu'elle évoque... Les rêves qu'elle suscite...

Chapitre premier

La loi de la réflexion de la lumière

$$\theta_r = -\theta_i$$

Cette formule décrit comment un rayon lumineux se comporte lorsqu'il arrive sur une surface réfléchissante, la surface d'un lac ou un miroir par exemple. Elle a été établie par Euclide, au IIIe siècle avant J.-C.

Cette loi est si simple qu'on pourrait presque se passer d'équation pour l'énoncer : elle nous dit que pour trouver le rayon réfléchi par un miroir, il suffit de prendre le symétrique du rayon source par rapport à la perpendiculaire au miroir. Pourtant, parvenir à « expliquer » ce qu'est un reflet en énonçant cette loi, voilà qui constitue pour le coup une évolution fondamentale ! Avant la loi, je « vois », sans me poser trop de questions, un objet et son reflet dans l'eau. Après la loi, une partie de ce que je vois, le reflet, est « expliquée », reliée rigoureusement à une autre partie, l'objet reflété. Et pour comprendre cette relation, il est nécessaire de remettre en cause la notion même de « voir », ni plus ni moins !

Des reflets, il y en a partout. Dans la nature, à la surface de l'eau ou sur des pierres polies ; en ville, sur les vitres, les surfaces métalliques, etc. Pratiquement tout ce que nous voyons comporte

$$\theta_r = -\theta_i$$

ici ou là des reflets, au point que, quand nous voulons les éliminer, il faut mettre en œuvre une technologie sophistiquée : par exemple les verres « antireflets » des écrans, des lunettes ou des objectifs des appareils photos.

Mais qu'est-ce qu'un reflet ?

Nous ne pensons jamais aux lois de la réflexion. Nous ne nous demandons jamais : mais « pourquoi » ce reflet se forme-t-il donc ? On ne commence à y songer que si l'on dessine, si on peint, ou si on veut créer une image de synthèse sur un ordinateur.

Dans un environnement naturel, comme un paysage de jour, l'unique source de lumière est le soleil. Je vois une montagne ou un arbre parce que certains rayons lumineux émis par le soleil ont frappé cet objet et ont été réémis vers mon œil. Certains rayons du soleil qui arrivent sur l'objet sont absorbés, d'autres sont diffusés dans toutes les directions : ces processus complexes sont à l'origine des couleurs, des teintes sombres ou claires – ils ne seront compris que bien plus tard.

Mais le cas du reflet peut être décrit simplement : un rayon lumineux qui arrive sur une surface réfléchissante en repart symétriquement au trajet d'arrivée, exactement comme une balle jetée contre un mur : qu'on la lance perpendiculairement au mur, et elle nous revient dans la main. Plus on la lancera en biais par rapport au mur, et plus sûrement elle s'éloignera du point d'impact.

C'est ce que dit l'équation de ce chapitre : les lettres θ_i et θ_r désignent les angles d'arrivée sur la surface (*i* pour « incident ») et de départ de la surface (*r* pour « réfléchi »).

Une fois cette loi énoncée, je peux « expliquer » pourquoi je vois le reflet d'une montagne dans un lac : la montagne est éclairée par le soleil et réémet des rayons lumineux dans toutes les directions. Certains de ces rayons arrivent directement dans mon œil : je vois la montagne. Mais d'autres arrivent dans mon œil après avoir été réfléchis par la surface du lac : je vois son reflet. L'équation ci-dessus – et un peu de géométrie – montre que les rayons réfléchis forment pour moi une image symétrique de la montagne par rapport à la surface du lac.

J'y suis parfaitement habitué, et tous les peintres savent représenter les reflets, par intuition et observation : expliquer rationnellement comment se forme un reflet n'est pas en soi une révolution ! D'ailleurs, il s'agit d'une « explication » très partielle : elle ne décrit que les reflets, mais ni les couleurs, ni la diffusion, ni la réfraction... Elle ne dit pas non plus pourquoi certaines surfaces sont réfléchissantes et d'autres non. Mais ce petit pas est fondamental dans sa démarche même : ne rien prendre de ce qu'on voit pour « sans intérêt » ou « inexplicable », interroger même les mots les plus courants, comme « voir » ou « regarder ». Tenter d'interpréter, de relier par des lois les plus simples possible, même au prix d'une profonde remise en cause.

Au fait, ça veut dire quoi, « voir » ?

J'ai eu beaucoup de chance avec mes profs de physique. Au lycée, en première, c'était un passionné, qui mettait un point d'honneur à réaliser des expériences périlleuses : pas pendant les heures de travaux pratiques, mais devant toute la classe, comme un spectacle, en *live* dirait-on aujourd'hui. Pour l'optique, on éteignait la lumière, il allumait une lampe à arc capricieuse et crépitante (il n'y avait pas de lasers à l'époque, qui lui auraient bien facilité la vie...), puis il interposait des lentilles ou des fentes, il lançait des miroirs tournants, et les rayons lumineux dessinaient sur les murs de la classe des figures étranges et éphémères qu'il nous encourageait à déchiffrer. Et ses montages marchaient presque toujours ; bref, du grand art.

Mais avant ces démonstrations spectaculaires, ce prof avait passé la moitié d'un cours à nous expliquer que « voir » n'est pas jeter un regard, mais recevoir des rayons lumineux [1]. Une heure passée à démonter cette intuition si naturelle, si forte qu'implique le verbe « regarder ». Ce n'est pas le regard qui atteint l'objet, mais la lumière émise par l'objet qui atteint mon œil. Et d'ailleurs, non, on ne peut pas « sentir sur soi le regard de quelqu'un ». Je ne prends conscience du regard de quelqu'un que si je vois moi-même les yeux de cette personne orientés vers moi. Mais si je ne regarde pas ses yeux, son regard peut aller ailleurs ou « sur moi », je n'en saurai jamais rien.

Il n'y a rien de plus simple à comprendre, mais je m'en souviens comme l'une des premières révélations de la pensée scientifique. Voilà, il y a deux façons de voir le monde. Dans l'une, je « regarde », je « vois » des objets et des reflets, sans davantage interpréter. Dans l'autre, une source lumineuse, une lampe, le soleil, que sais-je encore, émet des rayons lumineux. Ceux-ci sont réfléchis, réfractés, diffusés par des objets, puis ils arrivent dans mon œil et seulement alors, oui, je les vois.

La physique des Lumières

Ce sera donc cela, faire de la physique : se débarrasser de l'intuition, sortir du cadre du subjectif, pour réinterpréter le monde. Et de préférence, faire en sorte que cette interprétation soit commune à tous. Débarrassé de « moi », de « je », on peut énoncer des lois, des formules. On peut calculer et prédire. Toutes les sources lumineuses émettent des rayons, qui se réfléchissent, se réfractent, se diffusent sur tous les objets, pour tout le monde de la même façon. Les lois de la réflexion et de la réfraction annoncent le siècle des « Lumières ».

Chapitre 2

La loi de Snell-Descartes... et le principe de moindre action

$$n_2 \sin \theta_r = n_1 \sin \theta_i$$

Après la réflexion de la lumière, voici la loi de la « réfraction », qui décrit ce qui arrive à un rayon lumineux passant d'un milieu transparent à un autre, lorsqu'il n'est pas réfléchi. Là aussi, les exemples naturels sont omniprésents, et le plus souvent nous n'y prêtons pas attention. Peut-être trouvons-nous toujours un peu curieux qu'un bâton planté dans une mare apparaisse brisé au niveau de la surface liquide, à l'interface entre air et eau...
Dans le domaine de la lumière, les applications directes de cette équation sont innombrables puisqu'elle régit toutes les lentilles optiques. Mais nous allons voir dans ce chapitre que cette loi simple, trouvée pour un cas très particulier, sera ensuite à l'origine d'une façon de concevoir la physique très générale et très puissante : le « principe de moindre action ».

L'équation indique que l'angle avec lequel le rayon quitte l'interface est différent de l'angle avec lequel il est arrivé, ce qui nous donne l'illusion d'un bâton brisé. Vous connaissez l'expression « sin » : c'est la fonction sinus qu'on peut évaluer d'une touche avec une bête calculette scientifique. Comprendre qu'il s'agit de cette

$$n_2 \sin \theta_r = n_1 \sin \theta_i$$

transformation particulière de l'angle, et non de la valeur de l'angle lui-même par exemple, a pris du temps historiquement, mais une fois la loi déterminée, l'équation est très simple et pratique.

À vos expériences !

Muni de cette équation, on peut réaliser l'expérience de réfraction avec plusieurs couples de milieux transparents : air/eau, air/huile, eau/huile, etc. On trouve que les nombres n_1, n_2, n_3 sont chacun caractéristique d'un milieu : n_1 pour l'air, n_2 pour l'eau, n_3 pour l'huile. C'est l'indice de réfraction du milieu. Une fois ces nombres mesurés, on saura prédire la réfraction à l'interface entre n'importe quelle paire de milieux, et utiliser cette prédiction pour construire des systèmes optiques à volonté.

Les applications ne manquent pas, en premier lieu pour comprendre la nature, et en particulier les arcs-en-ciel ou bien le fonctionnement de l'œil, mais surtout pour créer des instruments d'optique : de la loupe au microscope en passant par les lunettes, tous reposent sur cette équation.

Messieurs les Anglais, tirez les premiers

L'histoire aurait pu s'arrêter là, ou plutôt se limiter aux évolutions de l'optique : microscopes, lunettes astronomiques, objectifs, etc. : une belle réussite pratique. Mais il y a plus intéressant encore, puisque ces équations vont aussi connaître un développement plus abstrait, très important pour la physique théorique.

La loi est énoncée clairement vers 1620-1630, indépendamment par Snell Van Royen et René Descartes. La primauté de l'un ou de l'autre est l'un des nombreux sujets de débat entre Anglais et Français, débat inutile car l'élaboration de cette loi s'échelonna sur plusieurs siècles. Tout commença dès le Xe siècle dans le monde arabe, puis divers grands esprits, dont Johannes Kepler, apportèrent leur pierre à ce noble édifice...

Quand la lumière est économe de son temps

Le développement dont je parlais est dû à Pierre de Fermat aux alentours de 1660. Ce dernier découvre qu'il peut retrouver la loi de « Descartes » (il ignore Snell...) à partir d'un principe très simple : si on suppose que la vitesse de la lumière dépend du milieu dans lequel elle se propage, alors le rayon lumineux emprunte le trajet qui lui permet de mettre le moins de temps possible entre deux points situés de part et d'autre de l'interface. Les quantités n_1 et n_2 sont interprétées comme l'inverse de la vitesse de la lumière, pour chacun des milieux.

Il faut se souvenir qu'au milieu du XVIIe siècle, la valeur de la vitesse de la lumière est encore inconnue, d'autant que certains affirment que la lumière se transmet de façon instantanée [2]. Fermat n'a évidemment aucun moyen de mesurer cette vitesse dans différents milieux : pour parcourir un mètre dans le vide, la lumière met 3 milliardièmes de seconde, et dans l'eau 1,4 fois plus, soit environ 4,2 milliardièmes de seconde. Des durées bien trop petites pour être mesurées avant l'avènement de l'électronique moderne. Pourtant, non seulement Fermat découvre le principe « de moindre durée », mais il montre que le principe fonctionne si la vitesse de la lumière dans l'eau, ou le verre, est plus faible que dans l'air d'un facteur de l'ordre de 1,2 à 1,5. Ironiquement, il s'oppose ainsi à Descartes, qui pourtant a découvert la loi des angles, mais qui croit que la vitesse de la lumière est d'autant plus élevée que le milieu est dense. Le fait que le principe de moindre durée fonctionne parfaitement donne raison à Fermat.

Quant au cheminement intellectuel qui a guidé Fermat vers son principe, c'est d'abord une croyance, ou une clairvoyance, comme on voudra : « La nature agit toujours suivant les voies les plus courtes et les plus aisées. » Cette idée – plus précisément, cette façon de formuler une loi physique – se révélera plus tard extrêmement féconde : au lieu de donner une équation entre des angles, une équation mécaniste, on énonce un principe général disant qu'un rayon lumineux suit le trajet de durée minimale.

Un principe de « moindre action »

La méthode est adaptée par Pierre Louis Moreau de Maupertuis au XVIIIe siècle à la mécanique, c'est-à-dire le mouvement d'objets soumis à des forces, où elle prend le nom de « principe de moindre action ». Elle sera par la suite formalisée par Leonhard Euler et surtout Joseph Louis Lagrange, toujours pour la mécanique. Pour cela, la notion d'« action » est introduite : c'est le produit d'une énergie par un temps. Le chemin de moindre action », c'est le chemin qui prend le moins de temps, ou qui modifie le moins l'énergie, ou la meilleure combinaison des deux : le chemin le plus économique, « le plus aisé », suivant les mots de Fermat. Pour l'optique de Fermat, l'énergie du rayon lumineux restant inchangée, l'économie est donc réalisée uniquement sur le temps. Pour la mécanique de Lagrange, le « chemin » est pris dans un sens général puisqu'il s'agit de l'évolution de tout le système : position et vitesse des objets, énergies stockées ici ou là (la tension d'un ressort par exemple). Pour décrire l'évolution d'un système mécanique, même complexe, il suffit en définitive d'énoncer qu'elle obéit au « principe de moindre action ».

Puis, au XXe siècle, on se rend compte que la nouvelle physique, cette « mécanique quantique » dont on parlera plus loin, se prête à merveille à la formulation par un principe de moindre action. En quantique, tout est un peu fluctuant, et les positions et les vitesses des particules sont souvent imprécises, et font d'assez mauvaises quantités pour les calculs. Des quantités plus globales, comme les différentes formes d'énergie, sont plus claires et plus faciles à exploiter.

Si on sait définir correctement les diverses formes d'énergie, alors le principe de moindre action permet de prédire comment ces dernières vont se transformer l'une l'autre lors de l'interaction entre les particules en présence, ou comment elles s'équilibrent dans un atome par exemple : « par les voies les plus aisées » suivant le mot de Fermat, soit, en langage plus moderne, « en suivant une évolution qui tend à minimiser l'action à chaque instant ».

Une formule pour tout résumer

Au point que cette formulation domine actuellement la physique des particules : toutes les théories, du Modèle standard (p. 133) aux théories les plus exotiques, sont exprimées dans ce cadre. Chaque théorie définit ses objets, ses particules, ses champs, ses forces, ses énergies, et rassemble ces définitions dans une grande formule, qu'on appelle le « Lagrangien », en référence au travail de Lagrange évoqué plus haut (nous en verrons quelques exemples vers la fin du livre). La conception de la théorie peut s'arrêter là. Vous voulez l'appliquer à un cas concret ? Il « suffit » d'exprimer le principe de moindre action, puis de dérouler les calculs et hop ! le tour est joué.

Les physiciens en herbe apprennent la forme moderne du principe, énoncée par Euler et Lagrange. Il s'agit d'une très belle équation, que voici :

$$\frac{d}{dt}\left(\frac{\partial L}{\partial \dot{q}_i}\right) - \frac{\partial L}{\partial q_i} = 0$$

La lettre « L » représente le fameux « lagrangien », cette grandeur clé dont tout se déduit. Les « q_i » et « $\dot{q}_i$ » sont les positions et vitesses des objets. Comme vous le voyez, je ne l'ai pas intégrée dans les équations emblématiques de ce livre car il ne s'agit pas, à proprement parler, d'une « équation de la physique ». C'est une procédure, un algorithme, et non une vision du monde.

Je me souviens, étudiant en physique, de notre exaltation quand nous avons étudié le principe de moindre action, l'équation d'Euler-Lagrange, et ses équivalents quantiques. La formule semblait véritablement magique : on écrit un beau lagrangien, on tourne la manivelle, et hop ! on obtient la solution d'un mouvement mécanique compliqué ou de l'interaction entre diverses particules.

Mais on se rend vite compte de l'illusion : l'équation ne dit pas quels sont les objets, les énergies, leurs interactions. C'est seulement si vous avez défini votre vision du monde, et que vous avez su la résumer sous la forme d'un « lagrangien », que l'équation vous dira comment cette théorie va s'appliquer à des cas concrets.

Il n'en reste pas moins que la formulation « lagrangien + principe de moindre action » marque profondément les physiciens. Et peut-être aussi la vie de tous les jours ? N'est-ce pas ce que nous disent les psychologues actuellement ? Trouver son bonheur dans une économie de moyens ? Travailler efficacement, éviter les conflits inutiles, ne pas être esclave du superflu ? Si seulement on connaissait le lagrangien du bonheur...

Chapitre 3

Le principe fondamental de la dynamique (ou 2e loi de Newton)

$$F = m\gamma$$

Que dit cette équation très simple ? Que la force est le produit de la masse par l'accélération. Je suis bien conscient que cette dernière phrase n'est pas très évocatrice pour le profane. Tout change si je l'écris sous la forme parfaitement équivalente

$$\gamma = \frac{F}{m}$$

et que j'énonce en bon français :
« Quand j'applique une force *F* à un objet de masse *m*, je lui communique une accélération γ, qui est dirigée suivant la force et dont la valeur est *F* divisée par *m*. »
En particulier, si j'applique une force deux fois plus intense au même objet, je lui donne deux fois plus d'accélération. Si j'applique la même force à un objet deux fois plus massif, il subira une accélération deux fois moindre. Pas compliqué pour un sou.

Quoique... Historiquement parlant, il a fallu des siècles pour en arriver à cette formule toute simple. Ce qui fut long et difficile à inventer dans $F = m\,\gamma$, ce n'est pas la forme de la relation entre les trois variables :

truc = machin « multiplié » par chose

$$F = m\gamma$$

Ce qui est important, c'est d'avoir réussi à définir clairement les concepts pertinents pour décrire la mécanique des corps par une relation simple. Et cela n'a rien d'évident.

Parfait car immobile

Qu'est-ce qui caractérise un mouvement ? On pense à la vitesse, ou bien aux changements de direction. Mais comment donner un sens précis à ces intuitions ?

Décrire l'action mécanique que j'exerce sur un objet est encore bien plus subtil. Comment quantifier cette action ? Qu'est-ce qu'une force, précisément ? Peut-on la définir de façon universelle ? Y a-t-il un point commun entre la force exercée par ma main lançant une pierre et celle du canon projetant un boulet ?

Avant Galilée et Newton, le mouvement d'un corps est l'objet d'un langage flou, mal caractérisé, dominé par l'influence d'Aristote. Pour ce dernier, en effet, la perfection, c'est l'immobilité. Un objet sur lequel on n'agit pas reste immobile. Avec $F = m \gamma$, si la force est nulle, c'est l'*accélération* qui est nulle, c'est-à-dire que la vitesse ne change pas. Autrement dit, un objet qui se déplace déjà à une vitesse v et sur lequel on n'agit pas, poursuit sa course en ligne droite et à vitesse constante.

Des astres aux jets d'eau

C'est une véritable révolution. Songez un instant aux astres : ne se meuvent-ils pas sur des trajectoires fermées, qui les font revenir périodiquement aux mêmes endroits du ciel ? Et cela que l'on croie qu'ils tournent autour de la Terre – avant Nicolas Copernic – ou autour du Soleil – après Copernic. En tout cas, ils ne vont pas en ligne droite dans l'espace, puisque, sinon, ils ne reviendraient jamais nous visiter. Donc quelque chose, une « force » agit sur les astres. En un sens, ils ne sont plus « idéaux » au sens d'Aristote, échappant à toute influence. Les astres étant associés aux divinités – Vénus, Mars,

Mercure, etc. –, en écrivant $F = m\gamma$, les hommes posent un acte d'une audace inouïe : ils enlèvent aux dieux un peu de leur lustre...

Jadis, une gravure m'avait frappé : un dessinateur de la Renaissance y avait représenté la trajectoire d'un boulet, et des jets d'eaux à titre décoratif. Le boulet grimpait le long d'une ligne droite inclinée, puis brusquement retombait verticalement. Quant aux jets d'eau, eux, ils décrivaient de belles courbes bien lisses – des paraboles, comprendra-t-on plus tard. L'auteur ne se rendait pas compte que les gouttes d'eau composant les jets et le boulet auraient dû suivre le même type de trajectoire. Il dessinait les jets d'eau comme il les voyait, et la trajectoire du boulet, invisible parce que trop rapide, comme il la *pensait*. Bien sûr, la trajectoire réelle du boulet est une parabole, comme celle des jets d'eau.

Mais pourquoi représenter cette curieuse trajectoire triangulaire. L'explication esquissée à l'époque est la suivante : au départ, on a communiqué au boulet une certaine quantité d'« impetus », puis cet impetus s'est fatigué, occasionnant la retombée. Mais qu'est-ce que cet impetus initial ? Comment a-t-il été transmis au boulet ? Pourquoi et comment se fatigue-t-il ? Quand sera-t-il épuisé ?

Pour décrire correctement la trajectoire des jets d'eau, des boulets, et des astres, il faudra comprendre ce qu'est une force, une masse, une accélération. Heureusement, l'équation qui nous intéresse ici et qui relie les trois quantités, une fois bien définies, est des plus simples.

Ode au gamma perdu

γ est l'accélération, c'est-à-dire la variation de la vitesse. Tout automobiliste sait qu'accélérer signifie augmenter sa vitesse. Et le freinage est encore une accélération, négative cette fois. La vitesse, elle, caractérise la variation de la position avec le temps : à grande vitesse, la position change davantage pour la même durée écoulée. L'accélération est donc la variation de la variation de la position, avec le temps.

Ce calcul des variations, comme on l'appelait au XVIIIe siècle, soutient presque toute la physique. Si je change *un peu* ceci, alors voici comment réagit *un peu* cela. C'est d'une grande modestie, en fait. Je n'explique pas de but en blanc comment sont les choses, je me contente d'abord de décrire comment sont reliées les variations des positions, des vitesses, des énergies, des températures, etc. Je ne dis rien (pour l'instant) sur la création des astres, mais je suis heureux de comprendre leur mouvement, et surtout de pouvoir le *prédire*. J'observe les positions aujourd'hui, je comprends les variations ; j'en déduis la position demain, dans un an, un siècle, une éternité.

$F = m\,\gamma$: c'est ainsi que j'ai appris cette équation, en terminale de mémoire. De nos jours, je crois qu'on l'écrit $F = m\,a$, sans doute parce que quelque pédagolicien a pensé que la lettre grecque γ pouvait effrayer les élèves. γ décrit ici une accélération. N'employons pas de symbole inquiétant : va donc pour a comme accélération.

Mais j'aimais bien le γ. C'était l'un des tout premiers symboles vus en cours de physique au lycée. Il indiquait qu'il était possible de représenter de façon claire et puissante une grandeur physique, un concept. Le symbole des symboles, en quelque sorte ! En tout cas, c'est l'un des tout premiers symboles que j'allais manier en apprenant la physique, puis mon métier de physicien. La marque d'un certain respect aussi : peut-être n'est-ce pas si simple, peut-être un γ mérite-t-il un peu plus de réflexion qu'un a ?

Une physique très dynamique

Il y avait mieux : avec $F = m\,\gamma$ arrivait la première *équation différentielle*. Une relation entre variations... On était dans la vraie physique, plus dans les comptes d'apothicaire – mille excuses aux apothicaires. Dans les classes précédentes, la mécanique se limitait à calculer l'équilibre d'une balance, la pression au fond d'une piscine. De la « statique », froide, rigide, ennuyeuse, et accompagnée d'explications baroques.

Combien d'élèves avaient abandonné après qu'on leur eut expliqué qu'une table tient debout *à cause de la réaction que le sol exerce sur ses pieds* ? Pardon ? Quel esprit tordu a conçu cette idée que le sol pousse sur la table de bas en haut ? Y avait-il besoin de définir si précisément le concept de force pour comprendre cela ?

$F = m\,\gamma$, c'était la dynamique, et pour tous les corps. Le mouvement de l'air, les vibrations (à cette époque les *good vibrations*), l'acoustique, les cassettes audio... Le mouvement politique, le grand bond en avant, l'espoir d'un monde meilleur... Le mouvement, partout. Partout, des équations différentielles élancées conféraient au monde une vitalité inépuisable.

Les livres de prix de mon enfance, remplis de trains rapides, d'automobiles volantes, de fusées interplanétaires, étaient encore là, malgré les doutes qui commençaient à m'assaillir : la société de consommation mise en question, l'écologie naissante.

Qu'importait ! Si ce n'était pas cette société-là, c'en serait une autre, mais tout aussi animée, parcourue de forces antagonistes et rapidement variables, *dynamique* en tout cas, comme on l'est à 16 ou 18 ans. Comme on pouvait l'être à 18 ans à cette époque sans crise, sans chômage, sans difficultés de logement. Comme les jeunes d'aujourd'hui devraient tous pouvoir l'être, si nous leur en donnions la possibilité...

Éventuellement, aussi, l'immobilité, ou plutôt le mouvement rectiligne uniforme, infini, vécu non pas comme une absence, un creux, une inaction désabusée, mais comme un équilibre entre toutes les forces, apaisé, serein au milieu du tumulte : les premières apparitions du bouddhisme et du zen, la « Maison bleue ». La statique enfin comprise, mais comme l'état ultime de la dynamique...

Chapitre 4

La loi de la gravitation

$$F_G = -G\frac{mm'}{d^2}$$

C'est la loi de la gravitation universelle, cette force qui agit sur les astres et qui fit « tomber la pomme sur la tête » de Newton, son inventeur (en 1684). Elle affirme que tous les corps s'attirent mutuellement par la gravitation, et elle donne la valeur de cette force d'attraction en fonction de la distance entre les corps. Un monument donc, puisqu'elle relie pour la première fois le mouvement des astres et la pesanteur sur la Terre, deux phénomènes *a priori* très éloignés. Elle va aussi permettre de comprendre, et de prédire, le mouvement de tous les astres.

Que nous dit cette loi ? Elle énonce que deux corps de masse m et m' s'attirent mutuellement, et que la force que chacun exerce sur l'autre est proportionnelle aux masses m et m' des deux corps, ce qui est logique, et inversement proportionnelle au carré de leur distance.

En termes simples, cela signifie que si on éloigne les corps l'un de l'autre en multipliant leur distance par deux, la force d'attraction se trouvera divisée par quatre. Cette dépendance simple de l'intensité de l'attraction par rapport à la distance, parfaitement vérifiée

$F_G = -G\frac{mm'}{d^2}$
1320
3248
SUPER BONUS

dans la nature (au moins jusqu'à une époque récente) fait la puissance de la loi : les mouvements des astres, lune, planètes, peuvent être calculés avec une excellente précision.

L'équation du désamour

Curieusement, je n'ai jamais vraiment aimé cette équation. Scientifiquement, je ne peux bien sûr pas contester l'immense progrès qu'elle a constitué. J'admire évidemment la formidable puissance de l'esprit qui l'a formulée. Mais cette loi de l'attraction universelle ne m'a jamais vraiment « attiré » (un comble). Et je ne sais pas exactement pourquoi.

Si j'étais vaniteux, je dirais que j'avais dès le début l'intuition qu'une telle action à distance a quelque chose de louche. En effet, suivant cette loi, le Soleil par exemple exerce une force sur la Terre. La force est presque constante dans le temps, car l'orbite de la Terre est presque un cercle, donc sa distance au Soleil est presque constante. Mais, toujours suivant cette loi, si je faisais disparaître le Soleil, l'influence sur la Terre disparaîtrait instantanément. Et ça, c'est louche. Quoi, à une telle distance, avoir une action immédiate ?

Mais soyons modestes : il est clair que je reconstitue après coup mes sentiments d'alors, à la lumière de ce que j'ai appris depuis. Plus précisément depuis j'ai découvert la relativité d'Albert Einstein, qui interdit l'interaction instantanée à distance, toute particule, force, ou information ne pouvant se propager plus vite que la lumière.

Une loi trop simple ?

Un autre aspect un tantinet « décevant » de cette loi, c'est précisément la dépendance de la force F avec la distance d entre les corps, comme l'inverse du carré de la distance. À première vue, cette dépendance en $1/d^2$ peut sembler remarquable, recouvrir une vérité étonnante et fondamentale. Mais si l'on réfléchit, il s'agit de la forme la plus banale, la plus triviale, que peut prendre une force exercée par un objet sur d'autres objets lointains.

Voici pourquoi : si on se met assez loin, l'objet-source apparaît comme un point. Imaginons une sphère de rayon d centrée sur cet objet. La surface de cette sphère est donnée par : $S = 4\pi d^2$. Ainsi, en augmentant le rayon de la sphère d'un facteur deux, sa surface augmente d'un facteur quatre.

C'est exactement l'inverse de la dépendance de la force sur la distance. Dire que la force d'attraction exercée par un objet à la distance d diminue comme $1/d^2$, cela revient simplement à considérer que l'influence de l'objet se dilue uniformément dans l'espace. À une distance accrue correspond une influence moindre, ce qui est parfaitement intuitif. Elle est plus faible parce qu'à cette distance-là il y a *plus de points à atteindre* - comme le nombre de points à la surface de la sphère.

Bref, une dépendance en $1/d^2$ est la forme la plus banale qu'on puisse imaginer pour la force exercée par un objet ponctuel. C'est d'ailleurs la même loi qui régit la force entre deux charges électriques ponctuelles :

$$F = -k\frac{qq'}{d^2}$$

loi découverte par Charles Augustin de Coulomb bien plus tard (1785).

... pour cacher une ignorance ?

Malgré leur précision et leurs immenses succès, les lois de Newton et de Coulomb expriment avant tout... une ignorance ! Je ne sais pas ce qu'est une masse ou une charge électrique. Je n'ai aucune idée de leur origine ou de leur mécanisme intime. Mais je peux rassembler toute l'influence de la gravitation d'un objet dans une grandeur (sa masse). La forme de cette influence est alors la plus simple, celle que donne l'éloignement. Et de même pour la description des forces électriques et la charge électrique.

Plus tard, la relativité prétendra pour la gravitation à un programme plus ambitieux. Masse, énergie, et forme de l'espace-temps y sont reliées en un système cohérent. La théorie d'Einstein dépasse ce principe « facile » de mettre tout dans une masse, sans se poser plus de questions. Et de cette cohérence naîtront des objets nouveaux, inattendus, comme les trous noirs, comme nous le verrons plus loin.

Et pourtant, elle tourne

Puisque tout cela, je l'ai appris longtemps après avoir découvert l'équation de Newton, il est bien vaniteux de prétendre ne pas l'avoir aimée à cause d'intuitions précoces. Alors pourquoi ? Peut-être simplement parce que, quand on l'apprend au lycée, cette équation ne sert à rien. On est tout bonnement incapable de s'en servir ! Enfin, de s'en servir vraiment, dans la première application pour laquelle elle a été inventée : prédire le mouvement des planètes. Celui de notre bonne vieille Terre par exemple.

Le problème est pourtant simple. On dispose en effet de deux outils : $F = m\,\gamma$ et la dépendance de la force en inverse du carré de la distance.

Il suffit de dire que la force de gravitation exercée par le Soleil sur la Terre,

$$F = -G\frac{m_S m_T}{d^2}$$

est la force qui détermine le mouvement de la planète via $F = m\,\gamma$. Dès lors, le mouvement de la Terre est donné par l'équation :

$$m\gamma = -G\frac{m_S m_T}{d^2}$$

où γ est l'accélération de la Terre (avec sa direction), et d la distance Terre-Soleil. Résoudre cette équation, c'est comprendre le mouvement de la Terre, la forme de son orbite, la vitesse à chaque instant, le temps passé à proximité ou à distance du Soleil.

Mais voilà, cette résolution n'est pas si facile et fait appel à des maths plus avancées que celles que l'on voit au lycée. De sorte qu'au lycée, on se borne à des exercices sans intérêt, comme calculer la force de gravitation entre deux objets fixes, ce qui n'apporte rien en pratique. Avec des maths élémentaires, il est possible de résoudre l'équation en faisant l'approximation que les planètes parcourent une orbite circulaire autour du Soleil. Mais on sait bien que ce n'est pas le cas (les orbites sont des ellipses), et surtout, on perd dans l'approximation toute la puissance de la loi. Autant supposer qu'une ficelle relie la Terre au Soleil, on obtiendra le même mouvement circulaire et tout sera encore bien plus simple.

Ce n'est que plus tard, en classes dites « préparatoires », que j'ai appris en cours la résolution de cette équation du mouvement, et que j'ai compris la trajectoire elliptique des planètes et des comètes. Mais cela n'a pas vraiment ravivé mes sentiments pour la loi de Newton.

Chaos cosmique

Le mouvement d'une planète unique autour du Soleil, donné par cette loi, c'est donc un monument, mais pour moi un monument sans charme. En revanche, l'étude du mouvement de l'ensemble des planètes du système solaire recèle des questions inattendues, et fécondes. Pour une planète donnée (disons la Terre), l'influence principale est l'attraction du Soleil, qui engendre un mouvement non seulement elliptique, mais aussi périodique : sous sa seule influence, l'orbite ne changerait pas, et tous les ans la Terre reviendrait exactement au même point – enfin, tant que les caractéristiques du Soleil ne varient pas. Il en serait ainsi de chaque planète, chacune parcourant son ellipse pour l'éternité.

Mais les planètes exercent aussi une attraction entre elles. Les distances entre planètes variant rapidement, ces attractions mutuelles occasionnent des perturbations, petites certes, mais très fluctuantes. La question est donc de savoir si ces perturbations accumulées au cours du temps sont à même de modifier significativement le mouvement « primaire » le long des ellipses. Si oui, au bout de combien de temps ? Et le mouvement perturbé, est-il encore périodique ? Ou, du moins, suffisamment régulier pour qu'on puisse le prévoir à long terme ?

La question est si délicate que la réponse a varié plusieurs fois depuis que Lagrange l'a énoncée en 1766. Sans entrer dans trop de détails ni suivre l'évolution historique, on pense aujourd'hui, en particulier grâce aux travaux de Jacques Laskar (1989), que le Système solaire est « chaotique » : il est impossible de prédire les orbites des planètes et encore moins la position des planètes le long de l'orbite, au-delà de quelques dizaines de millions d'années. Pourtant, seules agissent les forces de Newton entre le Soleil et les planètes, et les planètes entre elles, forces parfaitement continues et nullement aléatoires.

Toutefois, lorsqu'on résout les équations et qu'on se projette 100 millions d'années dans le futur, les solutions deviennent infiniment sensibles aux conditions initiales, c'est-à-dire aux positions de départ mesurées aujourd'hui. Et pis encore, cette sensibilité n'est pas progressive, mais constitue un mur infranchissable. Selon Laskar, une incertitude de 15 mètres sur la position initiale de la Terre entraîne une erreur d'environ 150 mètres sur la position prédite après 10 millions d'années, ce qui pourrait sembler encore acceptable, mais une erreur de 150 millions de kilomètres après 100 millions d'années ! Dit autrement, on ne sait plus prédire où se trouvera la Terre sur son orbite à telle ou telle date. Cette augmentation ultrarapide de l'erreur de prédiction avec le temps rend illusoire l'idée qu'il suffirait de mesurer assez précisément la position actuelle pour prédire celle à n'importe quelle date.

Un billard planétaire

Il est même permis de se poser la question de la stabilité globale du Système solaire : puisqu'il est impossible de prévoir avec précision la position d'une planète à long terme, peut-on tout de même savoir si les orbites seront, en gros, les mêmes ? Les orbites actuelles sont elliptiques, mais assez proches de cercles (peu « excentriques », dans le jargon des physiciens), si bien qu'une fois la différence des rayons moyens considérée, on en déduit qu'elles ne peuvent pas se couper. Mais à long terme ? Les orbites pourraient-elles se déformer suffisamment pour autoriser des intersections, et donc des collisions ? Une planète pourrait-elle passer si proche d'une autre qu'elle serait éjectée du Système solaire ? Bref, d'un paisible manège, ce dernier est-il susceptible de se métamorphoser en un terrifiant jeu de billard planétaire avec chocs et rebonds ?

Les estimations récentes sur l'avenir à plusieurs milliards d'années, menées à l'aide de calculs numériques effectués sur des supercalculateurs, montrent que cette possibilité existe, même si elle est assez peu probable – de l'ordre de 1 %.

Comme je l'ai dit, la réponse à la question de la stabilité du système solaire a déjà varié plusieurs fois, entre « stable » et « non stable ». Le chaos décrit par Laskar est la réponse de la science aujourd'hui. Existe-t-il d'autres éléments régulateurs non encore pris en compte ? Voilà des questions vivantes, fécondes – ce type de chaos se rencontrant dans bien d'autres systèmes physiques – et bien plus amusantes que la résolution de l'équation de Newton pour une seule planète...

Chapitre 5
La loi des gaz parfaits

$$PV = nRT$$

Voici à nouveau une équation très simple, qui décrit le comportement de très nombreux gaz courants, à commencer par l'air ambiant. Cette loi est déjà très importante en elle-même, puisque dans la nature, elle permet de comprendre la variation de la pression atmosphérique avec l'altitude. Au laboratoire et dans l'industrie, elle ouvre la porte à la manipulation quantitative des gaz : l'air, la vapeur, etc.

Mais outre ces applications directes, elle va jouer un rôle inattendu. Alors qu'elle décrit le comportement d'un volume de gaz à taille humaine ou plus grand, la forme de cette équation va se révéler déterminante pour affirmer que la matière est constituée d'atomes minuscules et quasi indépendants.

Un air parfait

J'insisterai sur cet aspect peu connu dans la suite du chapitre, mais revenons à l'équation : elle nous dit que pour une quantité fixe de gaz dit parfait, enfermée dans une enceinte, le produit de la pression P par le volume V est proportionnel au nombre d'atomes

$PV = nRT$

n et à la température T. Le coefficient R est un facteur de proportionnalité (appelé « constante universelle des gaz parfaits »).

En termes simples : si je réduis le volume d'une quantité donnée de gaz (lentement, pour que la température ne change pas), sa pression augmente (c'est bien ce qui se passe dans une pompe à vélo). Si, dans un volume fixe, je mets davantage de gaz (j'augmente n), la pression croît (ajouter de l'air dans un pneu déjà gonflé). Si, dans un volume donné, j'augmente la température du gaz, alors sa pression augmente (songez à une cocotte-minute). Etc.

Coup de chance

Une équation pas sexy du tout, pas de variation, ni de jolis indices ou d'exposant. Et pourtant incroyablement efficace. Par chance, en fait... Car la plupart des gaz usuels, à température ambiante, sont presque parfaits ! Heureusement pour nous, et notre désir de comprendre le monde, la nature nous offre la plupart des corps sous trois formes (le terme technique est « phase ») : solide, liquide, gaz, et non pas sous six ou douze formes... Et, pour ce qui est de l'équation reliant pression et volume (à température constante), ce qu'on appelle une équation d'état, elle a fait on ne peut plus simple : en première approximation, les solides et les liquides sont *incompressibles* : leur volume ne change pas, quelle que soit la pression que j'exerce. Puis, il y a les gaz, pour lesquels PV = constante : si je diminue le volume d'un facteur deux, alors la pression augmente d'autant. Vraiment très simple.

Aujourd'hui, nous connaissons des conditions dans lesquelles les gaz ne sont pas parfaits, par exemple lorsqu'ils sont fortement comprimés, quasiment au point de devenir liquides. Mais il se trouve que ce ne sont pas des conditions très fréquentes dans le monde qui nous entoure. Cette simplicité apparente a donc été essentielle pour nous permettre de comprendre ce secteur de la nature. S'il y avait eu douze phases au lieu de trois, et que chacune avait eu une *équation d'état* plus compliquée que $PV = nRT$, aurions-nous pu développer la physique de la matière, la thermodynamique ? Aurions-nous su passer directement à des descriptions complexes si la nature nous l'avait imposé, sans nous proposer comme première étape un petit nombre de cas au comportement très simple ?

L'air ou la loi ?

Au fond, qu'est-ce qui fait que nous pouvons énoncer des lois physiques ? Je vous propose trois réponses, très différentes dans leur esprit.

- La nature possède de vraies régularités, des simplicités fondamentales, que nous découvrons et énonçons. C'est le bon vieux réalisme.
- Quelle que puisse être la complexité de la nature, nous serions capables de repérer des régularités, d'effectuer des approximations. Nos lois physiques ne reflètent pas vraiment la vraie nature du monde, mais tout au plus les régularités que nous sommes capables d'énoncer. C'est une forme de relativisme philosophique.
- Un être doué de pensée, et en particulier à même d'énoncer des lois physiques, ne peut exister que si la nature comporte certaines régularités. Une complexité trop forte à toutes les échelles d'espace et de temps occasionnerait le chaos, et ne permettrait ni l'évolution, ni l'apprentissage ni le transfert de connaissance de génération en génération. C'est donc naturellement que nous voyons apparaître des constantes, des régularités, des lois. C'est une forme de « principe anthropique ».

Ces débats épistémologiques ont fait couler beaucoup d'encre et ne font pas l'objet de ce livre. Mais réfléchissez un instant à cet exemple tout simple, $PV = nRT$... Qui vient en premier ? L'air ambiant, ce gaz (presque) parfait, ou ma définition de la pression et de la température ?

Une hypothèse étonnante

Toujours est-il qu'avec la loi des gaz parfaits s'ouvre un vaste champ d'explications du quotidien : le baromètre, la variation de la pression de l'air avec l'altitude, etc. Au-delà de son évidente utilité pour d'innombrables applications pratiques (le ballon à air chaud, la machine à vapeur, les pompes, la chimie, etc.), la loi des gaz parfaits va aussi avoir des conséquences sur la compréhension fondamentale du monde. En effet, au XVIIIe siècle, le débat entre « matière continue » et « matière atomiste » n'est toujours pas tranché. Dès l'époque classique grecque, vers 400 av. J.-C., Démocrite a affirmé que la matière est constituée d'atomes, ces minuscules briques élémentaires invisibles à l'œil nu. Il était même précédé par Leucippe, et on trouve un énoncé en Inde par un certain Kanada vers 600 av. J.-C.

Par la suite, l'hypothèse atomiste a traversé les siècles, bien qu'aucun signe n'ait été mis en évidence. Même l'invention du microscope, à la toute fin du XVIe siècle, n'a pas permis de « voir » les atomes. Et pour cause : nous savons aujourd'hui que la lumière a une longueur d'onde bien plus grande que la taille d'un atome. D'ailleurs, c'est pour cela qu'elle est visible par notre œil. À nouveau ce problème de poule et d'œuf...

Mais revenons à nos atomes. Bien que jamais démontrée avant le XIXe siècle, l'hypothèse atomiste n'a cessé d'avoir des adeptes, et parmi les plus grands. Newton était atomiste. Même Shakespeare connaît les atomes :

« Il est aussi facile de compter les atomes que de comprendre l'état d'esprit d'une amante [3]. »

Ce qui montre qu'il estime leur nombre dans la matière à une très, très grande valeur...

L'hypothèse atomiste survit en parallèle des autres explications des constituants élémentaires du monde, comme l'air, la terre, l'eau et le feu. Au tout début du XIXe siècle, John Dalton la formule de façon précise, en se fondant uniquement sur la chimie des éléments, notamment les proportions dans lesquelles ils s'assemblent ou se séparent lors des réactions chimiques. Il reste que pour Dalton, il ne s'agit encore que d'un modèle commode, sans qu'aucune preuve expérimentale de l'existence d'atomes réels n'ait été établie, et sans qu'on dispose *a fortiori* d'indications sur leur taille ou de leur nombre dans la matière.

Mesurer la taille des atomes en brassant de l'air

Un pas important dans le débat continu *vs* atomiste est franchi lorsque James Clerk Maxwell et Ludwig Boltzmann démontrent, vers 1860, qu'un gaz constitué d'atomes (ou de molécules) très petits, interagissant peu entre eux, et seulement agités par la température, aurait précisément le comportement d'un gaz parfait : $PV = nRT$.

Jusque-là, ce modèle ne dit rien de la taille des molécules, ni par conséquent de leur nombre dans une quantité donnée de gaz (ce qu'on désigne aujourd'hui sous le terme de « nombre d'Avogadro »). Mais le mouvement est lancé et le raisonnement se poursuit. Constituée d'atomes, la matière est un gaz lorsque ces derniers sont dilués, éloignés les uns des autres. En comprimant le gaz, on rapproche les atomes et lorsqu'ils se « touchent », la condensation en liquide (ou bien la solidification) se produit.

Les atomes auraient donc une taille ! Comment l'estimer ? En mesurant la *déviation* à la loi des gaz parfaits : si les atomes sont ponctuels, ils s'ignorent les uns les autres, le gaz est parfait, et sa viscosité est nulle par conséquent. Si, en revanche, ils ont une taille, les atomes subissent aussi des collisions, et ces collisions engendrent une viscosité. Dans son modèle atomiste, Maxwell effectue ainsi le calcul qui relierait la viscosité d'un gaz et la distance moyenne entre deux chocs de molécules (ce que les physiciens appellent le « libre parcours moyen »).

C'est Johann Josef Loschmidt [4] qui, en 1865, en déduit la taille approximative des molécules de l'air. Cette étape, peu enseignée dans les manuels, est pourtant extraordinairement importante : pour la première fois, on conçoit vraiment la matière comme constituée d'atomes, avec une taille caractéristique d'un 10 000e de millimètres, et environ 3.10^{22} (30 000 milliards de milliards !) molécules dans un litre d'air. Et cela, sans microscope électronique, en fait sans jamais avoir accès à un atome isolé... Simplement en comparant l'intuition de Démocrite, vieille de plus de deux mille ans, à la loi des gaz parfaits.

Une révolution en marche

Il me paraît vraiment étonnant que cette hypothèse atomiste ait pu surgir puis survivre si longtemps, sans qu'aucune preuve n'en ait été donnée et cela plus de vingt siècles durant. Durant la plus grande partie de cette période, les gaz n'étaient pas identifiés en tant que tels. Autant il était clair qu'un corps solide se transforme en liquide en fondant, autant ce qui se passe lorsque le même corps liquide s'évapore n'était pas compris.

C'est donc sans doute la fusion des solides en liquides qui a été le principal argument des défenseurs des atomes. De fait, lorsqu'on chauffe un corps solide et qu'il fond, se transformant en liquide, il ne perd pas sa nature. Il s'agit bien du même corps, sous deux formes très différentes. La façon la plus simple de comprendre cette transformation est peut-être de faire l'hypothèse que le corps est formé d'atomes, et que seul leur arrangement change entre solide et liquide.

En un sens, l'hypothèse atomiste a la valeur d'une révolution copernicienne. À première vue, la matière est continue : on peut la diviser indéfiniment. Dieu aussi est infini et parfait, et cette perfection lisse et continue s'affranchit de *structures élémentaires* ou *d'échelles de taille* particulières. Dieu est aussi infiniment complexe. La nature, dont il est l'auteur, n'a pas besoin d'être réduite à des briques élémentaires d'un petit nombre de types : elle est dans sa complexité telle qu'il l'a créée. Le réductionnisme, selon lequel l'apparente diversité de la nature provient de l'arrangement variable d'un petit nombre de constituants élémentaires, s'oppose en définitive à un syncrétisme divin.

Chapitre 6

La loi de Hooke

$$F = kX$$

Peu connue (car rarement enseignée à l'école), la loi de Hooke dit que l'élongation d'un morceau de métal est proportionnelle à la force avec laquelle on tire dessus. Je l'ai choisie pour sa simplicité – elle énonce une simple proportionnalité – et le fait qu'elle représente le début d'un mouvement de rationalisation, de mathématisation de la physique et de l'ingénierie. Songez-y : on modélise le comportement d'un petit morceau de matière, et grâce à la puissance des mathématiques différentielles, il devient possible de calculer comment arranger et choisir les poutrelles pour construire le viaduc de Garabit ou la tour Eiffel !

L'équation est très similaire à la loi des gaz parfaits énoncée au chapitre précédent, au moins pour sa version PV = constante, énoncée par Boyle et Mariotte à la fin du XVIIe siècle : le volume d'un gaz diminue d'autant que la pression s'accroît. Cette similarité – une simple proportionnalité – n'a rien d'un hasard : Robert Hooke et Robert Boyle étaient de proches collaborateurs.

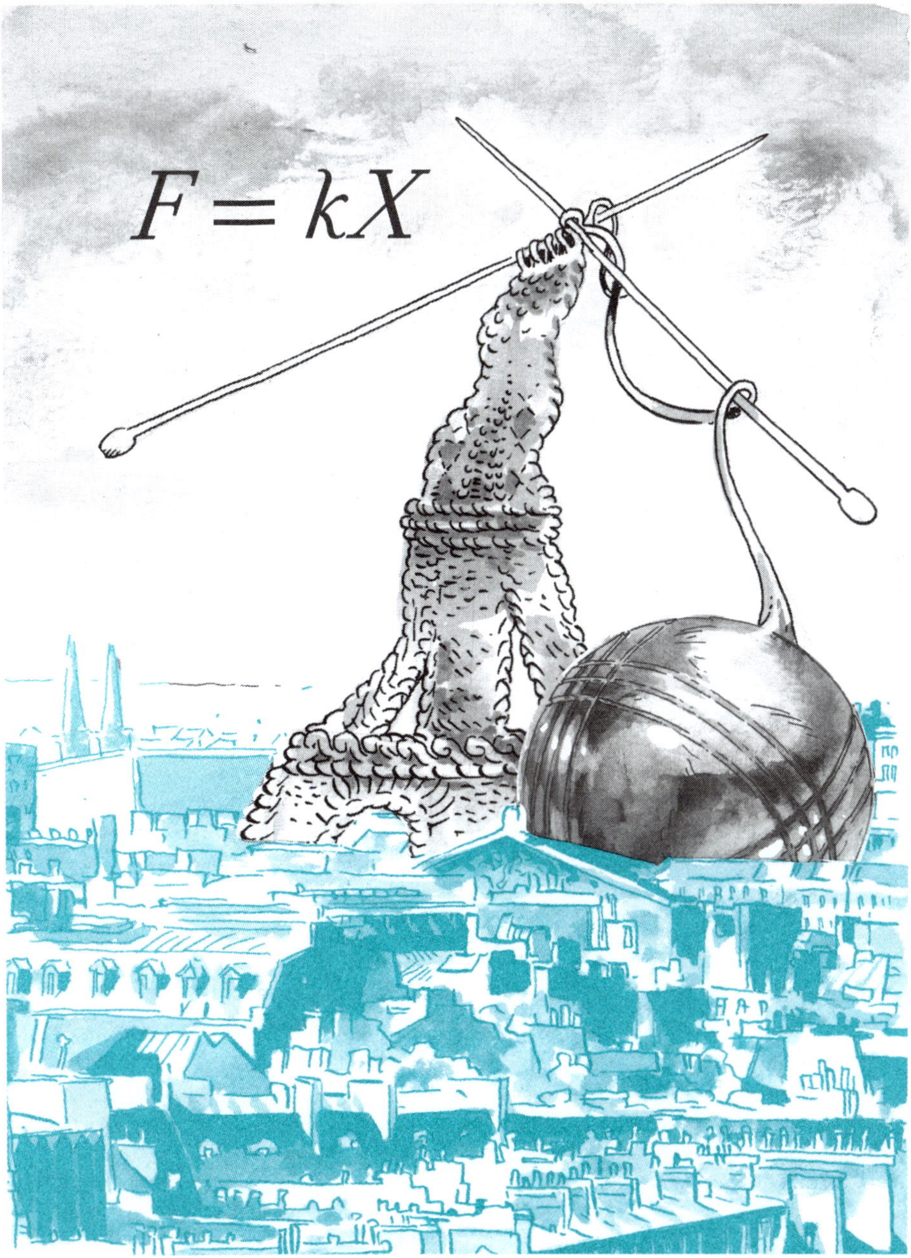
$F = kX$

La physique de la révolution industrielle

Soyons clairs : la physique dite des milieux continus (les solides, les liquides et les gaz) n'est pas ma spécialité. Ma vocation a toujours été de comprendre l'infiniment petit, en particulier quelles sont les briques élémentaires de la matière et la nature de leurs interactions. J'ai pris un immense plaisir à étudier les atomes, les noyaux, les électrons, les neutrinos, les quarks et tous leurs cousins. Un immense plaisir aussi à m'initier aux théories « modernes » que sont la mécanique quantique et la relativité, toutes deux apparues au début du XXe siècle. Quelle émotion de découvrir que la matière, avec ces particules qui sont partout à la fois et ce jumeau voyageur qui vieillit moins vite que son frère resté immobile, ne se comporte pas comme le suggère l'intuition !

Mais soyons francs aussi : le développement des techniques et la révolution industrielle, ainsi que l'extraordinaire modification du mode de vie qui en découle datent des deux siècles précédents. La machine à vapeur qui fournit l'énergie mécanique, les calculs des pièces métalliques nécessaires pour construire ponts, bâtiments et navires, ou encore l'invention du réfrigérateur et du moteur à explosion : tout cela n'a pas attendu la mécanique quantique. La chimie aussi, dont je mesure la contribution essentielle, mais pour laquelle je me sens encore moins compétent !

D'innombrables ouvrages détaillent les raisons techniques, économiques et sociales de la révolution industrielle. Ce qui marque du point de vue du physicien, c'est que cette révolution n'est pas due à un changement radical dans la conception qu'on se fait de la matière. Les atomes ne sont pas encore découverts, et la matière est perçue comme lisse, continue. Tout au plus, de façon étrange et totalement inexpliquée, la même matière apparaît-elle sous trois formes distinctes : solide, liquide, gaz, l'eau étant bien sûr l'exemple le plus évident.

On peut lui associer des qualités intuitives, mais mal définies : température (chaud ou froid), dureté (dur ou mou), fluidité (fluide ou visqueuse). Du point de vue du physicien, toute cette révolution va consister à mieux définir ces qualités et, en parallèle, à appliquer à la matière les mathématiques nouvelles issues des travaux de Newton et Leibniz, essentiellement le calcul « des variations », aujourd'hui appelé calcul différentiel. Ainsi, sans même se poser la question « qu'est-ce que la matière ? », on va en modéliser de mieux en mieux le comportement, d'abord dans des cas particuliers, puis de façon de plus en plus générale, en combinant ces diverses modélisations.

Élastique comme du métal

À nouveau, il s'agit d'une modélisation bien naïve : on ne peut penser à une dépendance plus simple – imaginez, une simple proportionnalité ! Il y a nombre de corps pour lesquels la loi ne s'appliquerait pas : du bois, qui se déchire si on tire dessus, ou de la pierre qui se fragmente. Mais, comme pour les gaz parfaits, la « chance de la nature » veut que la loi s'applique bien à la plupart des métaux. On dit que le métal est « élastique » : si on tire sur un morceau de fer, il s'allonge proportionnellement à la force appliquée ; si on cesse de tirer, il revient à sa taille initiale, comme un ressort.

Cela n'a l'air de rien, mais muni de cette modélisation très simple, et en appliquant le calcul différentiel, il devient alors possible de savoir de combien fléchit une poutre métallique, puis quelles forces se transmettent dans une structure plus complexe. Il n'en faut pas plus, ou presque, pour construire la tour Eiffel !

« La puissance motrice du feu »

Le calcul différentiel va trouver un champ d'application aussi vaste que fructueux avec le développement au XIXe siècle d'une nouvelle science : la thermodynamique. Le point de départ ? L'invention de la machine à vapeur, qui permet de fournir un travail mécanique sans commune mesure avec celui produit par les hommes, les animaux, ou même le vent et l'eau des moulins. Et ce travail peut être fourni à petite comme à grande échelle, dans une ferme comme dans une aciérie, et même en mouvement dans les trains et les navires.

En un demi-siècle, l'utilisation de la chaleur pour fournir du travail mécanique va devenir universelle et polymorphe. On trouve aussi comment exploiter le travail mécanique pour retirer de la chaleur : c'est le principe du réfrigérateur ! Puis, l'utilisation directe de l'essence dans le moteur à explosion va encore accroître la boulimie humaine pour le combustible, avec la conséquence aujourd'hui que tout ce combustible brûlé pour fournir du travail se retrouve sous forme de CO_2 dans l'atmosphère...

Chaleur, mouvement et énergie

Les fluides employés, comme l'eau, la vapeur d'eau, l'air, puis toutes sortes de gaz et de liquides, sont des composés naturels, avec chacun des caractéristiques comme la densité et la capacité calorifique (à savoir quelle quantité de chaleur il faut pour augmenter la température d'un degré). Pour les utiliser au mieux, avec de bons rendements, ou concevoir de nouveaux systèmes, il n'est pas essentiel de prédire ces caractéristiques à partir de principes universels ou de lois microscopiques. Il est en revanche important de bien les modéliser, c'est-à-dire d'identifier leurs caractéristiques intrinsèques, qui ne dépendent pas du système considéré, puis de les mesurer avec précision. À cette époque, on ne sait pas pourquoi l'eau apparaît sous trois états (glace, eau liquide, vapeur), mais on mesure à quelles pression et température l'eau passe de l'un à l'autre, ou quelle quantité de chaleur est nécessaire pour faire fondre 1 kg de glace.

On peut ainsi relier le comportement de systèmes complexes, comme une machine à vapeur, un réfrigérateur, un compresseur, à des quantités mesurées en laboratoire sur des échantillons de matière. Les grandeurs intuitives sont de mieux en mieux définies :

la température, la chaleur puis d'autres grandeurs apparaissent, comme la mystérieuse entropie dans la seconde moitié du XIXe siècle.

La théorie qui accompagne ce développement, c'est la thermodynamique. Vu d'un physicien « de l'élémentaire », ce n'est pas vraiment une théorie : on ne cherche pas à expliquer le monde, mais à l'exploiter. Les mathématiques sont essentiellement des généralisations du calcul des variations : des équations différentielles, le plus souvent linéaires, c'est-à-dire où la variation d'une quantité est reliée à la variation d'une autre quantité par un simple coefficient – typiquement, prenons une petite quantité de vapeur d'eau, et mesurons comment varie la pression si on la chauffe ou si on change son volume. Il faut définir tout cela avec soin : est-ce qu'on chauffe en laissant le volume se dilater ou à volume constant ? Est-ce qu'on change le volume en laissant chauffer ou bien en gardant la température fixe à l'aide d'un bain extérieur ?

Au-delà des petites variations : des systèmes plus complexes ?

À nouveau, la thermodynamique n'est pas mon fort, et pendant mes études je me méfiais un peu de ces longues séries d'équations qui manipulent ensemble ou tour à tour pression, volume, température, énergie, entropie... J'en avais appris scolairement l'usage et les applications mais j'en voyais rarement le sens : pourquoi cette quantité est-elle variable ? Pourquoi celle-ci est-elle fixe ?

Aujourd'hui, je trouve sur Internet le cours de thermodynamique d'un collègue et ami [5], et j'y lis ces lignes :

> « Cette annexe, extrêmement théorique, montre comment faire de la thermodynamique, sans (presque) rien comprendre à la physique sous-jacente. »

qui m'ont bien fait sourire, en souvenir de mes premiers contacts avec la « thermo », comme on l'appelle familièrement.

Heureusement pour moi, dans mon cursus est arrivée peu après la physique statistique, qui explique tout cela par le comportement collectif d'un grand nombre d'atomes (ou de molécules), si bien que les concepts se sont alors éclaircis. Il reste que c'est cette thermodynamique analytique, laborieuse, qui permet toujours aujourd'hui de concevoir des moteurs de voiture, des réfrigérateurs ou des climatiseurs...

Lorsque je considère la loi de Boyle-Mariotte ou celle de Hooke, je suis toujours fasciné par cet édifice intellectuel et la simplicité de leur énoncé. Tout dans la nature peut-il être décrit par des proportionnalités ? Il existe justement une branche de la science qui s'intéresse aujourd'hui aux phénomènes « complexes », où les relations entre variables ne sont pas proportionnelles. On dit qu'elles sont non linéaires, et fortement même : une petite variation d'une quantité entraîne une colossale variation d'une autre.

Il reste que toute notre intuition d'homme et de scientifique est construite sur ces relations simples : je tire deux fois plus fort, le ressort s'allonge deux fois plus ; je vais deux fois plus vite, donc je mettrai deux fois moins de temps ; j'achète deux fois plus, cela me coûte deux fois plus - encore que là, tout le monde a une notion de « non-linéarité » : si j'achète deux fois plus, je peux espérer payer *moins* que deux fois plus !

Quelles contraintes ces lois imposent-elles sur notre façon de voir le monde ? Peut-on (vraiment) penser « complexe » ? En tout cas, les médias n'aident pas à s'en départir : on aime représenter toute l'économie, et même toute la vie, à l'aide de pourcentages. Du taux de chômage à celui des rencontres amoureuses, en passant par la consommation de sodas ou de livres, les pourcentages ne cachent-ils pas la réalité ?

Chapitre 7

L'équation de Navier-Stokes

$$\frac{\partial \boldsymbol{u}}{\partial t} + (\boldsymbol{u} \cdot \nabla)\boldsymbol{u} = -\frac{\nabla \boldsymbol{P}}{\rho} + \mu \nabla \times (\nabla \times \boldsymbol{u}) + \boldsymbol{F}$$

Du point de vue esthétique, voici indiscutablement une « belle » équation. On sent le haut niveau : quelques lettres grecques, une paire de « ∂ » très élégants, et plusieurs apparitions d'un curieux caractère ∇ – « nabla » pour les initiés. L'équation est reproduite ici dans sa notation moderne apparue vers la fin du XIXe siècle, soit bien après son invention qui date plutôt du début du siècle. La notation moderne assure une forme compacte, élégante, à un ensemble d'équations qui, sans cela, semblerait répétitif.

Une apparence très savante donc, mais, sur le fond, une équation encore très « descriptive » : il s'agit essentiellement de traduire $F = m\gamma$ (p. 30) pour un fluide. La mécanique de Newton décrit le mouvement d'objets rigides et isolés, comme des planètes, ou la trajectoire de boulets idéaux qui ne seraient pas soumis à la résistance de l'air. Dans ce cas, une force ou un système de forces s'appliquent sur l'objet et en modifient le mouvement.

Mais comment appliquer cela à un fluide, une matière par essence continue ? Toutes les parcelles du fluide sont à touche-touche et appuient les unes contre les autres, les forces se

$$\frac{\partial \boldsymbol{u}}{\partial t} + (\boldsymbol{u} \cdot \boldsymbol{\nabla})\boldsymbol{u} = -\frac{\boldsymbol{\nabla} \boldsymbol{P}}{\boldsymbol{\rho}} + \boldsymbol{\mu} \boldsymbol{\nabla} \times (\boldsymbol{\nabla} \times \boldsymbol{u}) + \boldsymbol{F}$$

transmettent par pression ou par contact : au sein du fluide il y a des forces partout. Il faudrait donc décrire les coordonnées de tous les points du fluide à la fois, leurs vitesses, et les forces qui s'exercent sur eux.

Les physiciens aux champs...

Un ensemble de points répartis dans l'espace c'est ce que les physiciens appellent un « champ » ; on parlera de même d'un champ de vitesse, de force, etc. Une équation de « mécanique des fluides » comme celle-ci exprime en fait la relation de Newton $F = m\,\gamma$, mais pour un champ de points, de vitesse et de force... Du point de vue de la physique fondamentale, il n'y a là rien de neuf, rien de plus que $F = m\,\gamma$. Mais en pratique, il s'agit là d'une étape essentielle puisque la vraie matière est continue. Les gaz, les liquides qui transmettent l'énergie des machines, l'air qui porte les avions, l'eau qui résiste à l'avancement des bateaux, tous ces fluides ne se résument pas à des petits nombres d'objets isolés et non déformables comme des obus ou des planètes. Pour décrire leur comportement, il faut savoir appliquer la loi fondamentale de Newton à un ensemble continu de points matériels.

Voici pourquoi j'ai un sentiment ambigu vis-à-vis de cette équation (et de ses sœurs) : j'aime avant tout les équations qui changent ma façon de voir le monde, mais ce n'est pas le cas ici. Malgré son air savant, ses lettres grecques et son opérateur nabla à l'aspect ésotérique, la physique sous-jacente est simple – rien de plus que Newton. La beauté réside dans la mise en œuvre : les mathématiques permettent d'orchestrer le mouvement de tous ces points d'une façon cohérente, fluide justement. Finalement, qu'est-ce qui est le plus beau dans une équation, la physique élémentaire qui la sous-tend, ou bien la puissance et l'étendue de son domaine d'application ?

Ainsi, dans cette description de la matière continue, les « champs » font leur apparition : les équations mécaniques ne décrivent plus le mouvement d'un point, mais la variation des champs. La notion se révélera incroyablement fertile dans tous les domaines de la physique : champ de température, champs électriques et magnétiques, champ de probabilité, et enfin théorie (quantique) des champs, où la notion de particule sera remplacée par le champ lui-même...

Une équation qui se défend bien

Historiquement, l'évolution de cette « mécanique des fluides » est parallèle et assez similaire à celle de la thermodynamique, avec une suite d'équations particulières d'abord, puis de plus en plus générales, accompagnées de mesures de plus en plus précises sur les fluides eux-mêmes (densité, viscosité) et d'applications à des systèmes toujours plus variés, des fleuves aux ailes d'avion en passant par les lances d'incendie.

Il est même surprenant qu'il y ait autant d'applications, car résoudre l'équation est en général... très difficile ! Sans ordinateur, c'est-à-dire uniquement avec un papier, un crayon et l'attirail mathématique standard, on ne sait trouver une solution que dans des cas très simples, qui ne correspondent que d'assez loin à des situations pratiques. Un torrent qui dévale la montagne obéit bien à l'équation, mais on peut comprendre que décrire tous les tourbillons dans les détails n'est guère possible sur une page de cahier – ni même sur de nombreuses. C'est en fait bien pire : les mathématiciens n'ont toujours pas tranché la question de savoir si l'équation a toujours des solutions. Et, lorsqu'il y en a une, est-ce que la solution valable pour un fluide initialement « tranquille » décrira son évolution sur le long terme ? Ou bien le comportement décrit va-t-il finir par devenir complètement erratique ? Avant les ordinateurs donc, les physiciens et les ingénieurs ont travaillé dur pour trouver des approximations qui permettent de s'approcher des cas simples, pour concevoir des machines compliquées. Les ingénieurs du XIXe siècle et de la première moitié du siècle suivant ont bien réussi à concevoir des navires, des avions, et même des fusées, mais ils devaient prendre des marges de sécurité, et tester de nombreuses maquettes en laboratoire. Quant aux objets du quotidien, ils étaient élaborés de façon empirique plutôt que par le calcul.

Des maquettes aux supercalculateurs

Enfant, mon père m'avait parlé du « bassin des carènes », un bassin d'essais et de mesures pour la conception des navires. Voilà un métier fantastique aux yeux d'un petit garçon : je m'imaginais des ingénieurs très sérieux qui passaient leurs journées à faire naviguer des maquettes de bateaux sur un joli plan d'eau... La réalité était un peu moins pittoresque, et beaucoup plus technique.

Les ordinateurs, ou plus exactement le calcul numérique, ont révolutionné ce domaine. Dans cette méthode, on ne cherche plus à « résoudre l'équation » par des formules, avec un papier et un crayon. On découpe le fluide virtuellement en petits volumes, des sortes de pixels à trois dimensions si l'on veut. On part d'une situation initiale, et on simule un pas d'évolution dans le temps, en imposant que l'équation soit approximativement vérifiée au cours de ce pas. Puis on enchaîne les pas de temps.

Le fluide virtuel se comporte alors presque comme le ferait un fluide réel. Des tourbillons peuvent se développer, des vagues apparaître... Bien sûr, reste l'art et la manière d'effectuer des simulations numériques. Ainsi, des pixels plus petits et un pas plus court dans le temps donneront plus de précision, mais demanderont plus d'opérations, donc plus de temps et un calculateur plus puissant. L'équation utilisée est-elle valide dans tous les coins ? À tous les instants ?

La puissance incroyable des calculateurs modernes (quelques milliards d'opérations par seconde pour une station de travail, et plusieurs millions de milliards pour les grands centres) permet d'effectuer des simulations pour un très grand nombre d'applications. On sait ainsi comment un avion va voler sans avoir construit la moindre maquette. Presque tout peut être testé sur des maquettes virtuelles, et dans des conditions bien plus variées qu'avec des maquettes réelles. Certes, les essais en soufflerie sont encore utilisés, mais uniquement pour valider les calculs sur un petit nombre de configurations, et étudier quelques cas difficiles à simuler. Avec suffisamment de puissance de calcul, il devient possible de calculer le comportement en temps réel, puis de construire un simulateur de vol très réaliste pour tester l'avion et entraîner les pilotes. Le calcul numérique a révolutionné le travail des ingénieurs dans presque tous les domaines, mais la mécanique des fluides est sans doute le cas le plus emblématique. Plus de mauvaise surprise quand le pilote d'essai décolle pour la première fois...

Chapitre 8
Les équations de Maxwell

$$\vec{\nabla} \cdot \vec{D} = \rho$$

$$\vec{\nabla} \cdot \vec{B} = 0$$

$$\vec{\nabla} \times \vec{H} = \vec{J} + \frac{\partial \vec{D}}{\partial t}$$

$$\vec{\nabla} \times \vec{E} = -\frac{\partial \vec{B}}{\partial t}$$

Ce sont quatre équations « couplées », qui décrivent le comportement des champs électriques, $\vec{E}$ et $\vec{D}$ et magnétiques, $\vec{B}$ et $\vec{H}$ et des charges et courants électriques $\vec{J}$ – en passant, elles affirment qu'il n'existe pas de *charge magnétique*, comme il existe une charge électrique. Couplées, car leurs variables dépendent les unes des autres ; par exemple, une variation de champ magnétique peut induire un courant électrique.

À l'origine de ce monument de la physique se trouvent plusieurs lois individuelles, loi d'Ampère, loi de Lenz, etc., qui décrivent chacune un de ces « couplages ». La force et la beauté des équations de Maxwell, c'est d'unifier ces lois en quatre équations qui s'appliquent à l'ensemble des phénomènes électriques et magnétiques. Elles donnent ainsi tout son sens à la notion très abstraite de *champ*, que nous avons rencontrée au chapitre précédent. Champ électrique, champ magnétique… Pour mémoire, un champ est une entité abstraite qui prend une ou plusieurs valeurs en tout point de l'espace. Prenez le champ électrique : il peut être produit par une charge

$$\vec{\nabla} \times \vec{H} = \vec{J} + \frac{\partial \vec{D}}{\partial t}$$

$$\vec{\nabla} \times \vec{E} = -\frac{\partial \vec{B}}{\partial t}$$

$$\vec{\nabla} \cdot \vec{D} = \rho$$

$$\vec{\nabla} \cdot \vec{B} = 0$$

électrique et incarne en quelque sorte l'influence de cette charge à tel ou tel endroit de l'espace.

Des équations créatives

Comprendre ces équations exige déjà un certain niveau en mathématiques. Il faut être familier avec les notions de variation d'un champ dans le temps et dans l'espace, de *divergence* et de *rotationnel* qui sont cachées derrière l'utilisation du symbole ∇ ou « nabla ». Ces équations sont en tout cas très élégantes, puisqu'elles expriment à la fois des propriétés géométriques des champs, et leur transformation les uns dans les autres lorsqu'ils évoluent dans le temps.

Les applications des lois individuelles de l'induction, des charges et des courants, sont innombrables : procédés électrostatiques, dynamos, électroaimants, moteurs électriques, etc. Mais les équations de Maxwell restent surtout pour moi le premier exemple d'équations *créatives* : elles contiennent plus que ce pour quoi elles ont été écrites. Elles décrivent en effet les ondes électromagnétiques, dont Maxwell ignorait tout et qui seront découvertes bien plus tard. De la radio aux ultraviolets, en passant par les micro-ondes et la lumière, la propagation de toutes ces ondes obéit aux équations de Maxwell. La façon dont elles sont couplées aux charges et courants électriques aussi : émetteurs et récepteurs de radio, radar, ionosphère, réfraction de la lumière, filtres polarisés, plasmas, etc.

Le culte de l'électromagnétisme

Bref, des équations à la fois très élégantes, et très utiles. Elles m'évoquent une certaine majesté, par leur statut de monument intellectuel donc, mais aussi par leur apparence : quatre équations comme les quatre façades d'un temple, les symboles très graphiques

∂, ∇, décorant frises et chapiteaux. Je me souviens de m'être senti initié à l'électromagnétisme comme à une religion, les équations de Maxwell figurant les Tables de la loi.

Le culte : tout d'abord ces premiers exercices, où l'on tente d'appliquer les équations à des cas très simples, par exemple retrouver les lois d'Ampère ou de Lenz, des résultats élémentaires. Puis des applications plus compliquées, requérant davantage la puissance des équations, la coopération complexe de tous les termes...

Et bien sûr, cette religion avait son livre : *Électrodynamique classique* de John David Jackson. Paru en 1962, et réédité deux fois avec toujours plus de chapitres et d'exercices, le « Jackson » est la Bible de l'électromagnétisme. Davantage en fait, car il contient les fondements (l'Ancien Testament), les enseignements dédiés aux fidèles (le Nouveau...), et même des développements ésotériques (la Kabbale) réservés à une secte d'initiés.

Le Jackson n'est pas un ouvrage facile d'accès. Il est réservé aux étudiants/moines courageux qui acceptent d'investir de leur temps, en tout cas d'y consacrer beaucoup d'efforts. Avant même d'avoir commencé son étude, il est déjà défendu par une muraille formelle, car il utilise un système d'unités obsolète (la notation « cgs ») à la place du système international (SI) : mètre, seconde, ampère, volt/mètre, etc. Toutes les équations diffèrent donc de leur forme habituelle.

Certes, les éditions plus récentes comportent une double page censée faciliter la conversion entre le système cgs et le SI. Ayant souvent tenté de traduire mes calculs d'un système à l'autre, je pense maintenant que cette « conversion » n'est qu'une épreuve supplémentaire, analogue à la tonsure du novice. Après avoir obtenu pour le champ magnétique produit par une pile de lampe de poche et trois tours de fil de cuivre, une valeur supérieure à celle régnant à l'équateur d'un trou noir chargé en rotation, on devient subitement plus humble.

À la fin de chaque chapitre, le Jackson propose aussi des exercices. Il paraît que quelques humains les ont tous faits. Je suppose qu'ils se reconnaissent entre eux par quelque signe secret, une configuration particulière des doigts lors du serrage de mains introductif, un échange de mots de passe au cours d'une conversation anodine. Le signe est sans doute révélé par l'aboutissement d'un calcul effroyable du dernier exercice de l'un des chapitres. Ou plutôt de l'avant-dernier : il serait trop commode de ne faire que les derniers exercices, fort difficiles... Je ne les ai pas tous faits, et je n'ai eu aucune révélation. J'ai croisé quelques bons physiciens de la vieille école, et je pensais : lui (ou elle) peut-être... Mais comment demander sans humilier l'autre ni s'humilier soi-même : « Les exercices du Jackson, toi... ? »

Le Jackson ne traite que de la théorie classique de l'électromagnétisme, pas de mécanique quantique. Les champs, objets, équations gardent la rigueur et la pureté des équations de Maxwell, et ne s'abaissent pas dans ce monde quantique aux contours flous et aux prévisions incertaines. Quoique... À plusieurs reprises, il s'aventure à la frontière, distinguant avec brio ce qui est réellement quantique de ce qui ne l'est pas, retrouvant des résultats qu'on s'était toujours imaginés quantiques. Du grand art, comme retrouver Vélasquez derrière Dalí, ou Shakespeare chez Beckett...

Un « Z^0 » farceur

En 1983, j'étais étudiant dans l'expérience UA2, qui étudiait les collisions proton-antiproton produites par le collisionneur $Sp\bar{p}S$ du Cern. UA2, comme l'expérience concurrente UA1, recherchait la particule Z^0, la star du moment. La théorie avait prédit l'existence de cette particule. Mieux : elle devait se désintégrer en un électron et un positon, deux particules que nos détecteurs pouvaient identifier et mesurer. Restait à la dénicher...

Parmi toutes les collisions, le détecteur de UA2 décela soudain un événement qui contenait bien un électron et un positon... mais accompagnés d'un photon de grande énergie, nettement séparé des deux autres particules. Immédiatement, toute la « collaboration »

– comprenez : l'équipe qui présidait aux destinées de UA2 – fut en ébullition. Était–ce déjà un Z^0 ? Mais alors que signifiait ce photon supplémentaire ? Pouvait-il être le signe d'une particule exotique ? Un électron excité ? Ou bien s'agissait-il d'un Z^0 normal, avec un rayonnement interne, un effet connu dans la désintégration d'autres particules ? Bref, quelle était la probabilité qu'un Z^0 *bona fide* se désintègre ainsi en un électron, un positon, et un photon ?

Personne ne s'attendait à cette question ni n'avait *a fortiori* le calcul tout fait sous la main. Certes, la théorie quantique des champs permettait de calculer cette probabilité, mais nous n'avions pas les programmes actuels qui effectuent ces calculs de façon quasi automatique. Il fallait le mener nous-mêmes. Il s'agit d'un calcul un peu compliqué, et surtout qui demande une certaine pratique si on veut être sûr de ne pas avoir oublié un facteur 2 ou π quelque part. Mais l'un d'entre nous (moi-même ou mon directeur de thèse, je ne sais plus) s'est souvenu d'avoir lu dans le Jackson un paragraphe sur un sujet très proche. L'auteur mettait en particulier en avant le caractère universel du résultat, indépendant des détails du processus.

Adapter le calcul du Jackson à notre cas a été très rapide, le plus long restant, comme on pouvait s'en douter, de s'y retrouver parmi ses maudites unités. Le résultat était surprenant : ce type d'événement n'était pas si improbable (une probabilité de quelques pour cent de se produire). Le plus vraisemblable était bien que nous avions découvert notre premier Z^0, mais qu'il nous avait fait une petite farce. La confirmation de cette probabilité par le véritable calcul de théorie des champs arriva quelques jours plus tard, puis dans les mois qui suivirent l'expérience observa une poignée d'autres Z^0 simples et sans facétie. L'expérience concurrente fit de même, et le tout valut à Carlo Rubbia et à Simon Van der Meer le prix Nobel, mais cela est une autre histoire.

Jackson (décédé récemment, en mai 2016), un excellent physicien par ailleurs, n'a pas eu le prix Nobel, et de fait rien dans son livre n'est révolutionnaire. Pourtant, je pense qu'il y a là le génie de l'artisan au sommet de son art. Les équations de Maxwell sont de l'or, et Jackson était et reste leur meilleur orfèvre.

Chapitre 9
L'équivalence matière-énergie

$$E = mc^2$$

À gauche, l'énergie, à droite, la masse, que multiplie la vitesse de la lumière au carré. Cette équation exprime l'équivalence entre masse et énergie – nous verrons un peu plus précisément dans quel contexte –, pierre de touche de la relativité d'Einstein. Une théorie qui a révolutionné notre façon de concevoir matière, espace, et temps.

Entre respect et effroi

Pourquoi une équation aussi simple est-elle devenue le symbole même de la physique ?

Les bonnes raisons : la personnalité de son inventeur, sa clairvoyance, la révolution scientifique que constitue la théorie de la relativité.

Mais surtout la mauvaise raison : impossible d'ignorer que cette équation a permis de comprendre la formidable énergie mise en jeu dans les réactions nucléaires, avec pour première conséquence la réalisation de la bombe atomique.

C'est donc un respect teinté d'effroi qu'inspire $E = mc^2$, très similaire à la crainte du divin de l'Ancien Testament. Le contraste avec

$E = mc^2$

l'image populaire d'Albert Einstein – une image plutôt positive d'ailleurs – renforce encore le sentiment d'inquiétude. Comment ce grand-père bonhomme, voire facétieux, a-t-il pu être à l'origine du feu sacré, offrant à quelques-uns la possibilité d'ôter d'un seul geste la vie à une multitude d'autres êtres humains ?

D'étranges relations entre espace et temps

Quand Einstein formule l'équation, en 1905, il n'a que 26 ans, c'est un jeune homme banal à l'apparence soignée. Les cheveux en bataille n'apparaîtront que dans les années 1920, l'aspect « savant fou sympathique » à partir des années 1930 seulement. On est donc loin du raccourci : cheveux fous = savant fou = génie irresponsable = conséquences aussi immenses qu'imprévisibles.

En ce tout début du XXe siècle, la radioactivité a été découverte dix ans plus tôt, et du côté théorique, le terrain a été considérablement préparé. En fait, les équations de Maxwell (p. 71) contiennent sans le savoir l'essentiel de la relativité, en particulier le fait que la vitesse de la lumière dans le vide est la vitesse ultime, quel que soit le repère où on la mesure. Le théoricien Hendrik Lorentz a su les lire, et en a déduit ses formules dites de « transformation », qui énoncent d'étranges relations entre espace et temps.

Henri Poincaré surtout est allé au bout de ce chemin, mais il s'est heurté au mur de l'intuition. Le grand homme soulignait déjà que tout se passe comme si, lorsqu'on se déplace à grande vitesse, le temps ralentissait et les distances se raccourcissaient. Mais comment est-ce possible ? Poincaré met parfaitement le problème en perspective, mais ne va pas plus loin en songeant que la réalité doit être autre, que tout cela n'est qu'un artifice de calcul.

« Y croire », vraiment...

À ce point, le génie d'Einstein est simplement d'y croire *vraiment*. Le formalisme est là, il suffit de dire qu'il décrit *vraiment* la réalité.

Un petit pas de plus... La conséquence immédiate, c'est $E = mc^2$. Quand il trouve l'équation, Einstein a-t-il en tête d'expliquer la radioactivité ou s'en rend-il compte après coup ? Lui a-t-il suffi de chercher à prolonger le travail de Lorentz et Poincaré ? Est-ce seulement l'aboutissement de sa propre réflexion sur l'espace et le temps ? Quel rôle a joué le fait qu'il se soit occupé de la synchronisation des horloges des chemins de fer suisses ?

D'ailleurs, le « vrai » découvreur, est-ce celui qui élabore le modèle (la théorie) sans y croire, ou celui qui « y croit » le premier ? On commence par échafauder un modèle purement descriptif des résultats expérimentaux, et soudain, cette modélisation apparaît comme une compréhension totalement différente du monde qui nous entoure.

La physique moderne offre plusieurs illustrations de ce basculement : Max Planck et sa constante, Einstein et la relativité, Paul Dirac et son équation, comme on le verra à la fin de ce livre. Ces « changements de paradigme » sont un sujet en soi en philosophie des sciences, mais pour le simple physicien expérimentateur que je suis, connaître ces grands exemples constitue surtout un encouragement à garder l'esprit ouvert, flexible.

Dans le travail quotidien du chercheur, en effet, on n'invente pas la théorie du monde tous les jours, et on ne découvre pas un effet totalement inattendu chaque semaine. Mais on regarde tous les résultats, expérimentaux ou théoriques, avec curiosité, avec acuité : comment ce nouveau résultat s'intègre-t-il à ce que je sais déjà ? Cet effet est-il important ou annexe ? La plupart d'entre nous ne serons pas des Einstein ou des Dirac, mais même à un niveau modeste, ce qui compte, c'est d'avoir son propre modèle du monde, sa petite construction personnelle bien cohérente, à laquelle il est possible de confronter ses propres résultats ou ceux des autres. À nouveau : savoir ce qu'on sait, et ce qu'on ne sait pas.

L'énergie du Soleil

Avec $E = mc^2$ s'explique la formidable énergie (formidable à l'époque, et à l'échelle d'une particule) mise en œuvre dans les désintégrations radioactives. Une particule de masse M se désintègre en deux particules de masses m_1 et m_2, avec la somme $m_1 + m_2$ plus petite que M. La différence de masse entre l'état initial M et l'état final $m_1 + m_2$ est convertie en énergie :

$$E = [M - (m_1 + m_2)]c^2$$

c est un très grand nombre, cela représente donc une très grande énergie.

Une des conséquences les plus immédiates et les plus marquantes est qu'on comprend enfin ce qui fait briller le Soleil. Pas encore en détail – il faudra pour cela l'évolution de la physique nucléaire – mais on découvre la possibilité d'une source d'énergie jusqu'alors inconnue, qui permettrait à notre étoile de libérer une énergie colossale, et pendant très longtemps qui plus est !

À la fin du XIXe siècle, avec les sources d'énergie connues (combustion chimique, effondrement gravitationnel), on estime l'âge du Soleil tout au plus à quelques millions d'années. C'est d'ailleurs l'objet d'une controverse beaucoup plus vaste sur l'âge du Système solaire et de la Terre. Darwin a observé les fossiles et la géologie, et en a déduit un âge suffisant, plusieurs centaines de millions d'années, pour permettre l'évolution naturelle des espèces. Mais les physiciens (dont Lord Kelvin) prétendent qu'une telle durée de combustion pour le Soleil est impossible et s'opposent ainsi au darwinisme, de façon assez paradoxale vue de nos jours !

Dès la découverte de la radioactivité par Henri Becquerel, une hypothèse est avancée : cette dernière pourrait contribuer à l'énergie libérée par les étoiles, dont le Soleil. Mais c'est bien $E = mc^2$ qui offre une explication convaincante. Quelques percées en physique nucléaire plus loin, et le mécanisme de fusion nucléaire est élucidé. Mieux : la prédiction devient quantitative. En 1920, Arthur Eddington formule la remarque suivante :

> « Si c'est bien le cas, que l'énergie subatomique des étoiles est effectivement utilisée pour alimenter les grandes chaudières, elle semble nous rapprocher de la réalisation du rêve de contrôler cette puissance potentielle pour le bien-être de l'humanité, ou pour son suicide. »

... et de la bombe atomique

L'équation $E = mc^2$ reste limitée à la théorie et aux expériences de recherche fondamentale sur les particules jusqu'en 1938, lorsque Otto Hahn et Lise Meitner[6] (aidés de Fritz Strassmann et Otto Frisch), découvrent la fission nucléaire. Avec celle-ci apparaît la possibilité d'une réaction en chaîne pouvant mettre en jeu de grandes quantités de noyaux atomiques, des kilogrammes typiquement, libérant des énergies énormes. Et surtout, on quitte le domaine de la théorie ou des étoiles, car une telle réaction en chaîne peut être provoquée par l'homme, à partir d'éléments naturels comme l'uranium, libérant à volonté une énergie gigantesque à partir d'une très faible quantité de matière.

Pour fixer les idées, si on parvient à la mettre en œuvre, l'énergie nucléaire disponible dans un morceau de matière est environ un million de fois plus importante que l'énergie que libérerait la combustion ordinaire (chimique) de la même matière. La possibilité d'une arme est imaginée presque immédiatement.

Est-ce une coïncidence si cette découverte intervient au beau milieu d'une époque extraordinairement perturbée politiquement, au cœur géographique du trouble et en son cœur culturel, puisque nombre des acteurs de la découverte, à commencer par Albert Einstein et Lise Meitner, sont parmi les plus menacés ? Peut-on considérer que raison et morale se sont – pour une fois – alliées pour triompher de l'obscurantisme et de la barbarie ? Serait-il possible qu'en d'autres occasions, elles se soient unies pour faire pencher la balance du mauvais côté ? Et si oui, quand ?

La suite appartient à l'histoire : l'intervention d'Einstein auprès de Roosevelt pour le convaincre de fabriquer cette « bombe atomique » avant l'Allemagne hitlérienne, la mise en œuvre à pas de géant du « projet Manhattan » aux États-Unis, et bien sûr l'épouvantable issue finale à Hiroshima et à Nagasaki. Lors du premier essai nucléaire (le test *Trinity*), Robert Oppenheimer, l'un des physiciens les plus impliqués dans la création de la bombe outre-Atlantique, se serait souvenu d'un extrait du *Bhagavad Gita* : « Plus clair que mille soleils » – tout était dit.

Cette histoire marque à jamais $E = mc^2$, la science nucléaire, et la science tout court. En tant que péché originel, elle autorise toutes les craintes, tous les fantasmes, toutes les manipulations aussi. Il faudrait savoir la considérer avec recul, si l'on veut affronter sereinement les nouvelles questions d'éthique scientifique. Mais elle devrait faire partie de l'enseignement minimal de tout physicien, et pourquoi pas, de tout scientifique.

Chapitre 10

L'équation de Schrödinger

$$H(t)|\psi(t)\rangle = i\hbar\frac{d}{dt}|\psi(t)\rangle$$

Mécanique quantique… Comme ces mots ont pu faire rêver des générations d'étudiants, moi y compris, bien sûr. La clé d'un monde incertain, poétique, siège d'aléas et de fluctuations… De mystères aussi : les particules empruntent plusieurs chemins à la fois et aucun mur ne leur résiste tout à fait ; bien sûr, les chats y sont à la fois vivants et morts. J'ai toujours détesté cette image du pauvre matou de Schrödinger. Quelle drôle d'idée, Erwin – tu aurais pu choisir un autre exemple moins repoussant. Certains manuels vont jusqu'à offrir les représentations superposées d'un chat alerte et d'un cadavre lamentable. Dans mes conférences grand public, je remplace cette affreuse image par celle du chat du Cheshire qui, dans *Alice au pays des merveilles* apparaît ou disparaît, ne laissant que son sourire. Un chat très quantique donc, et bien avant la lettre !

Le chat mort-vivant de Schrödinger reste un grand sujet de questionnement pour les physiciens, et fait surtout l'objet de fantasmes de la part du grand public. Il reste que l'équation du physicien autrichien a radicalement changé la façon de considérer la

$H(t)|\psi(t)\rangle = i\hbar \frac{d}{dt}|\psi(t)\rangle$

matière, et le monde. Bien sûr, comme toutes les équations et toutes les théories, elle n'est pas sortie du néant. Avant d'être formulée, Planck, Einstein et Louis de Broglie ont déjà interprété, au début du XXe siècle, les observations expérimentales en termes de « mécanique quantique », mais il s'agit surtout de règles visant à retrouver les résultats, pas encore d'une vision différente de la matière.

« Psi » ou « psy » ?

L'équation de Schrödinger est bien la première à proclamer haut et fort que la matière se comporte tout autrement que ce que nos sens nous indiquent. Et ce n'est pas peu de le dire ! Accrochez-vous : les objets physiques ne sont pas des particules, mais des « fonctions d'onde » (c'est le ψ de l'équation). En pratique, ce sont des nombres complexes dont le module (la « grandeur ») indique la probabilité de trouver une particule ici plutôt que là. Quant à l'énergie, ce n'est plus un nombre, mais un opérateur mathématique (H dans l'équation) qui, en quelque sorte, choisit le résultat lorsqu'on effectue une mesure. Ajoutez la mystérieuse constante de Planck h, et un « i » pour imaginaire (le fameux nombre complexe tel que $i^2 = -1$, qui déroute tous les lycéens) et vous aurez tous les ingrédients requis pour une équation mythique, quasi philosophique. Pas étonnant que Schrödinger lui-même ait versé dans l'étude du védisme !

D'ailleurs, la fonction d'onde n'est-elle pas représentée par ψ, que l'on lit « psi » ? Une notation imprudente, qui encouragera un dangereux télescopage entre mécanique quantique et psychisme. Nul doute que l'observateur joue un rôle central en mécanique quantique, puisque c'est l'observation d'une mesure qui détermine l'état du système. L'homme et sa conscience se trouvent ainsi au centre de la physique.

Voilà qui pose de grandes et belles questions, qui dépassent de loin ce texte. Mais c'est probablement la simple similitude entre ψ et « psy » qui a aussi autorisé tous les excès, tous les abus. La théorie quantique mise à toutes les sauces : paranormal, « corps quantique », « psychologie ou thérapie quantique » – on trouve même chez un disciple de Lacan des « formules kantiques *(sic)* de la sexuation » ! Et tout devient possible, par le truchement du « psi » ou du « psy » : tordre les petites cuillers par la pensée, guérir des pires maladies, etc.

Il est vrai que les physiciens se sont souvent rendus complices de ces dérives, plus par humour que par malice. Parmi les professionnels, on parle très sérieusement de « téléportation » grâce à la mécanique quantique. Faut-il expliquer au public qu'il ne s'agit pas d'aller passer son week-end à l'autre bout de la galaxie, mais de savoir si l'on pourrait recréer un état *très* particulier d'un système *très* simple, en ne transmettant que de l'information ? Il est certain que les pros auraient pu choisir un autre terme, mais c'était trop tentant !

Le premier vertige quantique

D'ailleurs, nul besoin d'invoquer des « psis » ou « psys » ambigus ou les problèmes de la téléportation pour ressentir le vertige quantique. À l'université, on étudie l'équation de Schrödinger. Comme on n'apprend pas l'histoire des sciences, et qu'on n'a pas le temps de voir les expériences et la suite de raisonnements qui l'ont précédée, on se demande un peu comment il en est arrivé là. Mais l'équation est d'abord aisée, si bien que tout de suite on passe au premier exercice, à la première application.

Question 1. Il s'agit de calculer le mouvement d'une particule, ou d'une bille, posée au fond d'un trou. Une fois les variables finement définies, la résolution de l'équation devient élémentaire. Le résultat est un tantinet curieux, mais pas alarmant : il n'y a pas de solution avec une particule immobile. Le plus petit mouvement autorisé n'est pas nul, mais consiste en une légère oscillation au fond du trou.

Une autre surprise surgit alors : lorsqu'on considère des mouvements un peu plus importants, impossible de choisir arbitrairement leur amplitude, car elle ne peut être qu'un multiple de l'amplitude minimale : deux fois, trois fois le plus petit mouvement, etc.

Un peu curieux, mais le titre du cours l'avait bien dit : il s'agit de mécanique *quantique* – il fallait s'attendre à des bizarreries. Rien de révolutionnaire toutefois : les amplitudes des mouvements sont *quantifiées* au lieu d'être variables continûment, comme en mécanique classique. Alors, si c'est ça la « Méca Q », comme la surnomment les étudiants français avec malice...

Rassurant tout de même : il paraît facile de s'y retrouver, car rien n'est fondamentalement différent de la situation « classique ».

Question 2. À côté du premier trou, on place un second trou, puis on dépose la particule au fond du premier, comme à la question précédente : calculer le mouvement de la particule. La résolution est à peine plus compliquée. On obtient une formule un peu absconse. C'est alors que l'énoncé précise : en déduire la probabilité de trouver la particule dans le second trou. On calcule avec application pour constater que... cette probabilité n'est pas nulle. On refait le calcul pour être sûr de ne pas avoir oublié un terme ou un signe, mais non : en plaçant une particule dans le trou (1), il y a une probabilité non nulle de la retrouver dans le trou (2).

Simple, net, évident. Il n'y a aucune analogie « classique », aucune intuition à laquelle se raccrocher : bienvenue dans le monde quantique !

Un monde si contre-intuitif

Parvenu à ce stade, il faudra s'arrêter un temps et tenter d'admettre que la réalité est quantique. Se forger de nouvelles intuitions. Et c'est là où tout se corse, car cette réalité ne correspond en rien à celle que perçoivent nos sens. Si bien que des années de pratique sont nécessaires pour *a minima* ne pas raconter trop de sottises...

Vous avez certainement lu ces petits quiz qui émaillent les revues scientifiques. Ils visent à rassurer l'amateur sur son niveau de compréhension, avec des questions très directes comme la suivante. Au milieu d'une piscine se trouve une barque, avec à son bord un homme et une grosse pierre dense. On note le niveau d'eau de la piscine. L'homme jette la pierre à l'eau. Après stabilisation, on relève à nouveau le niveau de l'eau. Est-il plus ou moins élevé qu'avant le largage de la pierre ? Pour un physicien, ce genre d'exercice ne pose heureusement aucune difficulté, mais il en irait autrement de son équivalent quantique...

Je ne suis pas spécialiste des subtilités de la mécanique quantique, mais je l'ai étudiée assez profondément. Et dans mon quotidien de physicien des particules, je l'utilise constamment. Pourtant, si un expert me proposait un de ces tests en version quantique, je ne serais jamais certain de donner la bonne réponse. Certes, fort de cette pratique régulière, ma vie se déroule en partie dans le monde quantique si je puis dire. Mais la glissade n'est jamais loin : la force de l'intuition que nous dictent nos sens est irrésistible, et notre sens commun n'a rien de quantique.

Une pluie d'applications

Après ce premier vertige quantique apparaît alors la lumière. On apprend en cours la résolution de l'équation de Schrödinger pour le mouvement des électrons des atomes. Et un domaine immense s'ouvre alors : soudain, on comprend pourquoi les atomes émettent ou absorbent de la lumière à des longueurs d'onde particulières. Immédiatement, on voit par exemple que la lumière émise par un atome chauffé sera la signature de cet atome. Qu'on pourra ainsi identifier à distance les composants chimiques de la matière, en laboratoire, ou dans une étoile lointaine. Mieux : que par effet Doppler il sera possible de mesurer la vitesse de cet atome par rapport à nous, même à l'autre bout de l'Univers.

Ensuite viennent les innombrables applications pratiques, la physique des solides, les semi-conducteurs, le transistor, l'électronique, l'extraordinaire développement de la micro-électronique, qui parvient à mettre dans un téléphone portable un ordinateur plus puissant que toute une salle de calculateurs des années 1970.

De la pratique, du solide, de l'utile, des gens qui se parlent de continent à continent, des écrans qui informent, qui distraient, des bourses qui montent et descendent à la vitesse de la lumière pour le meilleur et pour le pire – surtout le pire dans ce dernier cas.

Et pourtant, encore aujourd'hui, les paradoxes de la mécanique quantique sont toujours là. La plupart des physiciens détournent pudiquement le regard, quand d'autres, les spécialistes, conçoivent de merveilleuses expériences pour comprendre « si c'est vraiment, vraiment, comme ça que ça marche », et la réponse est « oui », invariablement. Schrödinger a raison et nos sens se trompent. Et son chat, bien vivant, nous adresse son plus beau sourire, narquois – un vrai sourire de chat.

Chapitre 11

Les relations d'incertitude de Heisenberg

$$\Delta x \cdot \Delta p_x \geq \frac{\hbar}{2}$$

Nous voici au cœur de la mécanique quantique. Ce qu'énonce cette formule est à la fois très simple et absolument incroyable : toutes les notions de particule, de trajectoire, de position, de vitesse sont remises en cause. Je vais donc tenter de vraiment l'expliquer. Ne craignez rien, les mathématiques resteront élémentaires : seulement quelques multiplications.

Vous l'avez tout de suite remarqué : le signe « = » d'une équation est ici remplacé par « ≥ », le symbole mathématique pour « plus grand que », « supérieur à ». C'est une inégalité, et autant dire que la formule ne sera pas utilisée directement pour calculer un mouvement ou évaluer un processus.

Au cœur du flou quantique

Il ne s'agit pas d'une loi physique au sens d'une règle opérationnelle. Non, elle décrit plutôt une conséquence de ces règles, en l'occurrence celles de la mécanique quantique. L'inégalité concerne

$$\Delta x \cdot \Delta p_x \geq \frac{\hbar}{2}$$

le système le plus simple qu'on puisse imaginer : le mouvement d'un objet unique. « x » représente la position de l'objet, mesurée le long d'une règle par exemple, en mètre. Le symbole Δx décrit *l'incertitude* sur la mesure de x, c'est-à-dire la taille de l'intervalle où je peux affirmer que se situe l'objet. Par exemple, on écrira $\Delta x = 1$ mm si on peut mesurer la position à 1 mm près.

« p_x » représente la quantité de mouvement, qui est simplement le produit de la masse par la vitesse [7] :

$$p_x = m\, v_x$$

De même que pour la position, Δp_x est l'incertitude sur la quantité de mouvement : comme la masse m est constante tout au long du mouvement, l'incertitude sur la quantité de mouvement est simplement reliée à l'incertitude sur la vitesse :

$$\Delta p_x = m\, \Delta\, v_x$$

Ainsi, $\Delta\, v_x = 1$ mètre/seconde (m/s) si on mesure la vitesse de l'objet à 1 m/s près [8].

Dans le terme de droite, $\hbar$ est la constante de Planck, une grandeur universelle, au même titre que la vitesse de la lumière dans le vide ou la constante de la gravitation. La formule énonce donc que le produit des incertitudes avec lesquelles je peux définir la position et la vitesse est toujours supérieur à une quantité fixe, indépendante du mouvement.

La perfection n'est pas de ce monde

Je suis physicien, et fier de mes superpouvoirs de scientifique, j'ai construit un formidable détecteur. Je m'apprête donc à mesurer la position d'une particule avec une précision parfaite. Une précision parfaite devrait se traduire par un intervalle d'incertitude réduit à rien : $\Delta x = 0$ mm.

Dans ce cas, la partie de gauche de l'équation devient 0 fois Δp_x, donc 0. Impossible que 0 soit plus grand que la quantité de droite, qui elle n'est pas nulle. Il est donc impossible de déterminer la position avec une précision parfaite. *Quid* de la vitesse ? Même raisonnement : la précision sur la vitesse est parfaite, Δv_x vaut 0, et la partie gauche de l'équation itou, ce qui est à nouveau impossible. Donc dans cette nouvelle mécanique, il est interdit de mesurer la position ou la vitesse avec une précision parfaite !

Que se passe-t-il maintenant si, sans aller jusqu'à 0, je tente de mesurer la position avec une excellente précision ? Δx devient alors très petit. Comme le produit est au minimum égal au terme de droite $\hbar/2$, Δp_x doit compenser en étant grand, et *vice versa* : en somme, plus je détermine la position avec précision, et moins j'en sais sur la vitesse, et inversement.

Mais le monde quotidien reste net !

Pourtant, dans le monde qui nous entoure, les positions des objets ne semblent pas être soumises à une quelconque incertitude. Les vitesses non plus : difficile d'invoquer la mécanique quantique pour contester une mesure de radar routier !

Voici le truc : la quantité $\hbar$ est extrêmement petite, de sorte que l'équation ne limite pas du tout la précision de mesure pour les objets ordinaires. Par exemple, prenons une bille de 1 gramme, dont on souhaite mesurer la position à 1/10e mm près, et la vitesse à 1 mm/s près, des précisions déjà très correctes pour suivre le mouvement d'un tel objet. Le produit $\Delta x\ m\ \Delta v_x$ est encore 10^{24} (cent mille milliards de milliards) fois plus grand que le minimum $\hbar/2$. Il y a de la marge !

Ce n'est qu'à l'échelle des atomes, des noyaux atomiques, qu'on se heurte à cette limite. À l'inverse, les particules élémentaires, elles, évoluent constamment sous la contrainte imposée par cette limite. Position et vitesse deviennent des concepts flous, qui ne peuvent plus être déterminés que statistiquement, par exemple en effectuant une moyenne sur un grand nombre de mesures.

Un hasard parfaitement pur…

Plus étrange encore : non seulement les mesures, mais aussi les événements eux-mêmes sont soumis à l'incertitude, comme l'illustre la radioactivité découverte par Henri Becquerel en 1896. Certains atomes, naturels ou artificiels, sont radioactifs, c'est-à-dire que leur noyau est susceptible de se désintégrer spontanément, avec comme produits d'autres noyaux plus petits, et quelques autres particules. Si on considère une grande quantité de ces atomes, on voit que chaque seconde, une certaine fraction d'entre eux se désintègre. Mais qu'on étudie maintenant un seul atome, et on constatera qu'en vertu des relations d'incertitude de Heisenberg, il est impossible de savoir *quand* il va se désintégrer.

Voilà qui est frustrant, tant notre intuition bâtie sur nos sens exige de trouver une cause, un mécanisme, à un événement qu'on observe. Or, *il n'y a pas* de mécanisme. Après l'invention de la mécanique quantique, on a longtemps cherché le mécanisme caché qui, pour reprendre l'exemple précédent, contrôlerait la désintégration d'un atome radioactif. On pourrait imaginer que chaque atome a été programmé dès sa formation pour se désintégrer à telle date, ou bien qu'un mécanisme d'usure fasse que la condition de l'atome se dégrade et qu'il finisse par se désintégrer, à la façon d'une ampoule électrique usée. Ce serait en quelque sorte rassurant, mais ce n'est pas le cas. De nombreuses expériences ont montré que la survenue de la désintégration est purement aléatoire : l'atome est toujours comme neuf… jusqu'à l'instant où il se désintègre ! S'il ne l'a pas encore fait, la probabilité qu'il se désintègre lors de la prochaine seconde est exactement la même que la probabilité qu'il avait de se désintégrer lors d'une seconde il y a un milliard d'années.

Une « mécanique » aussi opérante que mystérieuse

Les lois de la mécanique quantique sont pourtant très rigoureuses. En particulier, elles permettent de prédire avec une extraordinaire précision les *bonnes* quantités pour les particules élémentaires : niveaux d'énergie, probabilités de localisation, d'interaction, etc. Les applications pratiques sont déjà légion : comportement des matériaux semi-conducteurs pour l'électronique, lasers, structure des molécules, chimie et biochimie, et ce n'est sans doute que le commencement. On est en quête d'un ordinateur quantique, où ce flou serait mis à profit pour qu'un calcul très complexe ne soit plus effectué en série pas à pas par un processeur, mais en parallèle sur un grand nombre de particules (électrons ou photons).

Il ne fait donc aucun doute que la mécanique quantique est « opérante », même si on n'en a toujours pas percé tous les mystères. Cette incertitude dans la mesure de grandeurs intuitives, comme la position, la vitesse, la durée, a fortement troublé les scientifiques et les philosophes. Les premiers ont cherché des « variables cachées », qui permettraient de se raccrocher au schéma intuitif entre cause et effet. Non seulement on n'en a pas trouvé, mais des expériences magnifiques ont été imaginées dans les années 1960 (en premier par John Bell) et réalisées à partir des années 1980 par le pionnier Alain Aspect, suivies de beaucoup d'autres. Les résultats sont sans appel : il n'y a pas de variables cachées, et malgré son comportement baroque (des particules passent par deux chemins à la fois, ou semblent savoir ce qu'on va leur faire avant même qu'on l'ait décidé !), la mécanique quantique prédit toujours le bon résultat.

Les physiciens n'ont donc pas à être inquiets, et l'attitude la plus répandue consiste à ignorer le problème du sens caché, pour ne retenir que la stupéfiante capacité de la théorie à décrire le monde qui nous entoure. Le questionnement sur le fond reste présent et constitue une source de stimulation intellectuelle et pratique. L'imagination requise pour pousser la théorie dans ses retranchements est un bel exemple de créativité, de rigueur et d'habileté expérimentale (je le dis d'autant plus volontiers que ce n'est pas mon domaine !).

Le progrès, une idée morte ?

Certains ont vu dans l'incertitude quantique l'illustration d'un changement fondamental de statut qu'aurait subi la science. La deuxième illustration serait la découverte du chaos dont nous avons parlé plus haut au sujet de la gravitation, et la troisième le théorème d'incomplétude de Gödel.

En mécanique quantique, les relations de Heisenberg interdisent en effet de prédire vitesse et position des particules avec une même incertitude nulle. Quant à la gravitation de Newton appliquée à trois corps ou plus, elle donne des solutions chaotiques, qui rendent impossible en pratique la détermination de la position de planètes dans quelques dizaines de millions d'années. Enfin, Kurt Gödel a démontré vers 1930 que des mathématiques simples (comme l'arithmétique) contiennent des propositions indécidables, c'est-à-dire dont on ne peut démontrer qu'elles sont vraies, ni qu'elles sont fausses.

Ces concepts ont certes des caractères communs : élaborés au tournant des XIXe et XXe siècles, ils semblent tous trois exprimer des limites intrinsèques à la connaissance scientifique.

Dans les années 1970, certains ont ainsi intégré ces aveux d'impuissance de la science elle-même au grand mouvement « postmoderne » de doute sur le bien-fondé de la science et du progrès.

Naturellement, ces doutes et ces questionnements ont des sources plus immédiates, plus accessibles au public et bien réelles, comme le rôle de la science dans l'arme nucléaire, les destructions écologiques, la société de consommation, etc. Mais le fait que la science elle-même avoue ses propres limites a joué un rôle dans les milieux intellectuels et de pouvoir. Sortis de leur contexte, les mots « incertitude », « chaos », « indécidable » sont devenus autant de symboles d'une science impuissante, inutile, voire déviante.

Cela, je l'ai découvert en 1996 alors que j'étais un physicien très absorbé par mon domaine et peu impliqué dans la communication. Comme la plupart de mes collègues, le temps me manquait pour aller fureter à côté, mais j'avais tout de même une certaine curiosité pour l'épistémologie, en particulier l'interprétation de la mécanique quantique qui faisait l'objet de discussions avec mes amis fidèles Hervé [9] et Jean. À l'été 1996 donc, le journal *Le Monde* lança une grande série sous le titre « Le progrès, une idée morte ? ». J'avais déjà perçu des messages dans ce sens, en particulier à travers le mensuel *La Recherche* de l'époque, qui offrait une large tribune aux philosophes post-modernes. Cela m'apparaissait être une affaire de philosophes spécialisés, et, de toute façon, je n'avais pas eu le temps d'y prêter attention. Mais que le quotidien de référence questionne ainsi l'idée même de progrès m'a vraiment bousculé si bien que j'ai creusé le sujet.

J'ai ainsi découvert l'épistémologie « postmoderne » et son slogan *Science is a Social Construct* (« La science est une construction sociale »), un choc pour un scientifique rationaliste élevé dans le culte des Lumières et du progrès. Je ne suis guère compétent pour prendre position sur la partie sociologique et philosophique, mais à cette occasion j'ai aussi constaté la curieuse association des concepts scientifiques « incertitude », chaos », « indécidable », à ce courant de pensée.

Cet amalgame m'a semblé être l'exact symptôme de ce qu'il voulait dénoncer : une société élitiste où parler de ses propres limites doit être interprété comme une faiblesse, voire un défaut. Quoi ! Après deux siècles de progrès linéaire, sans questionnement, la science parvient, vers la fin du XIXe siècle, à un degré de maîtrise suffisant pour s'interroger sur ses outils (les mathématiques), ses méthodes (le calcul différentiel) et son interprétation du monde (les objets classiques). Est-ce une faiblesse ? Cela remet-il en cause la notion de progrès ? Il me semble que non, que cela témoigne au contraire d'une certaine maturité, si ce n'est d'une véritable sagesse.

Si on ne les sort pas trop rapidement de leur contexte, « incertitude », « chaos », « indécidable » nous apprennent que la nature (quel que soit ce qu'on entend par ce mot, une réalité objective ou non) n'est pas telle que nos sens nous le montrent directement.

D'autres interprétations sont envisageables, et les notions intuitives de position, vitesse, événement, ne sont pas adaptées au-delà de notre environnement immédiat. D'autres mesures sont possibles, de probabilité, d'énergie, de corrélations, d'autres modes de raisonnement aussi, et enfin d'autres formes de progrès. Associer ces découvertes à un déclassement de la science, c'est comme nier à une personne le droit de s'arrêter pour réfléchir, et l'accuser de faiblesse dès qu'elle exprime un doute.

Chapitre 12

Les équations d'Einstein : la relativité générale

$$R_{\mu\nu} - \frac{1}{2}g_{\mu\nu}R = \frac{8\pi G}{c^4}T_{\mu\nu}$$

Les grandes majuscules « *R* », « *G* », « *T* » le montrent : ici, on n'est plus dans le quantique fluctuant des ψ et autre ħ, mais dans la géométrie éternelle et rigide. Les indices μ, ν posés par couple au pied de ces symboles ne sont plus des appoggiatures, mais des repères sur la grille qui mesure l'espace et le temps.

Rigide ? Pas tant que cela. L'équation décrit justement comment l'espace-temps se déforme sous l'action de la matière : très succinctement,

$$R_{\mu\nu} - \frac{1}{2}g_{\mu\nu}R$$

représente les qualités de la grille d'espace-temps : la taille de ses mailles, sa courbure, tandis que

$$T_{\mu\nu}$$

représente la présence de matière ou d'énergie sur cette grille.

$R_{\mu\nu} - \frac{1}{2}g_{\mu\nu}R = \frac{8\pi G}{c^4}T_{\mu\nu}$

Des effets dominants pour la cosmologie

Car depuis 1917, et l'invention de la relativité générale par Albert Einstein, l'espace (en fait l'espace-temps) n'est plus une grille uniforme et immuable. C'est toujours une grille, mais déformée, compressée, dilatée, courbée, pliée dès lors que de la matière est présente. Ces déformations, ces courbures modifient la trajectoire des objets célestes (et terrestres !) : c'est cela que nous interprétons comme une force, que nous nommons « Gravitation ». L'équation de Newton disait :

> « Les objets massifs s'attirent. »

Einstein corrige :

> « Les objets massifs déforment l'espace-temps dans leur voisinage. Les autres objets ressentent cette déformation, le tout apparaît comme une attraction. »

Pour notre environnement immédiat, les solutions de l'équation d'Einstein diffèrent très peu de celles de l'équation de Newton, et les pommes tombent bien là où on les attend. L'exemple unique, mais célèbre, de conséquence pratique est la mise en œuvre du système GPS : la position d'un récepteur GPS sur Terre est calculée à partir des mesures des temps de parcours d'un signal radio entre plusieurs satellites et le récepteur. Il s'agit donc de mesures très précises de temps entre objets en mouvement (en rotation qui plus est) et dans le champ de gravité de la Terre. Les effets relativistes sont alors bien visibles, et ils ont été pris en compte dans la définition du système.

Même à l'échelle du Système solaire, la modification est minime : une minuscule déviation des rayons lumineux, une infime avance de Mercure sur son orbite...

C'est aux très grandes échelles qu'apparaît la puissance de la relativité générale. Reliant temps, espace et matière, elle donne aux physiciens les moyens de questionner la géométrie et le contenu de l'ensemble de l'Univers. De cette équation et du développement des moyens d'observation naîtra la cosmologie moderne.

Décrire l'Univers tout entier

Pendant mes études, j'avais bien sûr lu divers articles et livres de vulgarisation traitant de la relativité générale, mais je n'ai vraiment eu un cours sur ce sujet que lors de ma toute dernière année d'université. Ce premier vrai contact m'a fait forte impression, et je me souviens d'un sentiment de respect envers la rigueur de la géométrie, l'immensité des distances et des forces en jeu, le caractère lisse, continu, parfait de l'équation...

Sur le fond, c'est exactement ce que tout un chacun peut ressentir en levant les yeux vers un ciel étoilé. Pascal confiait : « Le silence éternel de ces espaces infinis m'effraie » – et, croyez-moi, la maîtrise de l'équation n'apporte aucun réconfort ! En levant le nez, on peut certes être saisi d'effroi, ou bien se contenter d'une certaine familiarité, par exemple reconnaître les constellations, les planètes usuelles, etc. Apprendre la cosmologie, c'est apprendre la *réalité* de distances et de durée gigantesques, et ressentir de façon quantitative, personnelle, sensible, la taille et la place de l'homme dans l'Univers.

Portée par la relativité générale, et grâce à une grande chaîne d'observations et de mesures astronomiques à partir de la Terre ou de satellites artificiels, la cosmologie a l'ambition de décrire la forme et l'évolution de l'Univers entier. Une révolution, qui débute à la fin des années 1920, lorsque le chanoine Lemaître propose une solution des équations qui prévoit un Univers en expansion continue, ce que les mesures effectuées par Edwin Hubble semblent confirmer. Jusque-là, on croyait en effet l'Univers éternel et immuable et soudain, on découvre que ce n'est vraisemblablement pas le cas...

Expansion et Big Bang

Cela signifie que deux points distants dans l'Univers, deux galaxies par exemple, s'éloignent l'un de l'autre. Un mot pour corriger, s'il en est besoin, l'idée qu'expansion signifierait « explosion dans l'espace à partir d'un petit volume ». Non, on peut très bien avoir à la fois une taille infinie et subir une expansion. Pour le comprendre, il suffit de se représenter une ligne droite infinie – sans limite ni à gauche ni à droite. Je peux éloigner tous les points les uns des autres en multipliant les distances d'un facteur deux, étirant en quelque sorte la ligne droite dans elle-même. Aucun problème puisqu'elle n'a pas d'extrémités... C'est exactement ce qui se passe pour l'Univers, mais dans les trois dimensions de l'espace (longucur, largcur, hauteur). Il est étrange que ce qui est si facile à se représenter pour une ligne droite, le soit moins pour l'espace à trois dimensions...

Ainsi, l'Univers actuel est en train de se dilater. Et comme il se comporte plus ou moins comme un gaz, il se refroidit. Mais qu'arrive-t-il si on passe le film à l'envers, en remontant le temps à partir d'aujourd'hui ? On voit l'Univers se contracter et se réchauffer. On pourrait imaginer qu'en poursuivant ce processus, sa densité et sa température continueraient gentiment d'augmenter, pour devenir infinies il y a un temps infini. Mais ce n'est pas ce que disent les équations : en remontant le temps, densité et température croissent de plus en plus vite, si bien qu'elles deviennent infinies sitôt atteint un point bien précis dans le passé. Précisément, il y a 13,8 milliards d'années pour l'estimation actuelle. C'est le fameux modèle du Big Bang.

L'évolution de l'Univers

Par la suite, grâce aux développements de la physique nucléaire, le fonctionnement des étoiles et leur production d'énergie sont élucidés. On comprend aussi que la quasi-totalité des éléments chimiques qui nous constituent et nous entourent aujourd'hui ne sont pas présents à l'origine de l'Univers, mais ont été produits par des réactions nucléaires durant l'évolution des étoiles ou lors de leur explosion, comme les supernovas [10].

Seuls quelques éléments chimiques « primordiaux » ont été produits dans les toutes premières minutes de l'Univers, et le modèle du Big Bang est à même de décrire les conditions de ces premières synthèses de noyaux atomiques. La mesure de l'abondance relative de ces éléments dans le cosmos fournit, vers le milieu du XXe siècle, une confirmation éclatante (c'est le cas de le dire) du modèle du Big Bang. Depuis, de nombreuses observations dans des domaines très variés ont testé le modèle, qui a parfaitement résisté jusqu'aujourd'hui.

Si on met de côté la thèse créationniste, et qu'on ne se fie qu'aux observations, l'idée même d'un « âge de l'Univers » est une révolution. Dans l'expérience humaine, quoi de plus permanent que le mouvement des astres ? La répétition des saisons, de la position des planètes, des éclipses, etc. : tout montre à l'homme que sa vie occupe un intervalle de temps minuscule dans un Univers immuable. Notre vie est certes courte par rapport aux 13,8 milliards d'années de l'Univers, mais nous avons maintenant compris que ce dernier n'a pas été là de toute éternité. Et nous avons pu le faire uniquement en observant, en effectuant des mesures et en réfléchissant. À nouveau, nous nous sommes libérés de nos sens, de notre intuition...

Les trous noirs : un laboratoire... en pensée

Grâce aux observatoires modernes, les manifestations des effets de relativité générale sont maintenant vues de façon spectaculaire : ainsi, les rayons lumineux provenant de galaxies lointaines, épousant la grille d'espace-temps distordue par la présence de matière, nous montrent des mirages gravitationnels, immenses arcs lumineux ou images multipliées. Récemment, grâce à des appareillages extraordinairement sensibles, les physiciens ont détecté le passage sur Terre des ondes gravitationnelles émises par la fusion de deux trous noirs lointains. Cette observation est à son tour parfaitement compatible avec la relativité générale.

Bien connus du public, les trous noirs sont une conséquence directe de l'équation d'Einstein. Autour de leur formidable concentration de masse, l'espace-temps est si courbé que les rayons lumineux ne peuvent s'en échapper. Apparemment, les trous noirs sont partout, à commencer par le centre de notre Galaxie, la Voie lactée, où réside un trou noir de taille « moyenne », avec une masse de près de 4 millions de masses solaires – à comparer aux 17 milliards du trou noir supermassif le plus monstrueux connu à ce jour...

Les trous noirs sont des objets astrophysiques extraordinaires, mais ils sont aussi un merveilleux champ de réflexion de la physique générale. Dans ce monde extrêmement compact, refermé sur lui-même, toutes les lois sont mises à l'épreuve. Jusqu'au concept même d'*information* : lorsque des objets, ou des particules, tombent dans un trou noir, que devient l'information contenue dans leur nature, leur énergie et leur direction ?

Un mystère qui ne laisse pas d'intriguer les scientifiques, d'autant que le physicien britannique Stephen Hawking a calculé que les trous noirs s'évaporent lentement... Une fois un trou noir complètement évaporé, où est passée l'information portée par toutes les particules qu'il avait absorbées ? Point important, l'évaporation de Hawking est un phénomène quantique, et la théorie de la relativité générale ne fait pas bon ménage avec la mécanique quantique. Le trou noir est en somme l'endroit idéal pour confronter, uniquement en pensée à ce jour, deux visions aussi différentes du monde : la relativité générale, idéale, lisse, géométrique, et la mécanique quantique, étrange, floue, fluctuante...

Ici et maintenant

L'aspect le plus révolutionnaire est peut-être la possibilité, ou tout au moins le programme, de considérer l'Univers entier comme objet de mesures. Peut-être est-ce une autre vanité, et les hommes du futur nous verront-ils à leur tour comme nous voyons nos ancêtres du Moyen Âge, qui pensaient habiter une terre plate surmontée d'une voûte de velours piquée d'étoiles de cristal.

Peut-être, mais laissons-nous porter par cette ambition prométhéenne : grâce aux observations, et leur interprétation dans le cadre de la relativité générale, l'Univers a maintenant un âge

(13,8 milliards d'années), une forme (plate, sans courbure), une densité (10^{-26} kg/m^3, soit l'équivalent d'environ 6 masses de protons par mètre cube, un nombre facile à se rappeler !). Et le modèle du Big Bang permet de décrire son évolution, de quelques nanosecondes après sa naissance jusqu'aujourd'hui.

L'Univers objet de mesures, c'est aussi la porte ouverte à toutes les créativités. Selon certains modèles théoriques, l'Univers serait tordu ou replié sur lui-même, des configurations qu'aucun auteur de science-fiction n'aurait jamais osé proposer ! Mais on a pu confronter ces modèles aux observations, et il semble bien que notre Univers est aussi plat et simple que possible.

Alors, tout ça pour « ça » ? Un Univers infini, plat, qui se dilue et se refroidit lentement ? Certains chercheurs en sont un peu déçus. On peut aussi se réjouir d'avoir la « chance » d'être là à une époque où les forces qui pilotent sa dynamique s'équilibrent assez harmonieusement et où il contient encore suffisamment de structures pour abriter une galaxie confortable, siège d'une banlieue paisible où nous demeurons, bien à l'abri du monstrueux trou noir central...

Chapitre 13

L'équation de Dirac

$$(i\gamma^{\mu}\partial_{\mu} - m)\psi = 0$$

J'en frémis... La plus belle, la plus pure. Bien plus belle que $E = mc^2$ et nullement entachée par l'Histoire.

Même si vous n'aimez pas les maths, même si l'implacable rationalité de la physique ne vous inspire qu'un sentiment de rejet, comment ne pas admirer l'élégance des caractères qui composent cette équation ? La rondeur harmonieuse du γ, la douceur du ∂, le piquant du i initial, la finesse des indices μ posés comme des appogiatures, et le mystère profond du ψ.

Un peu confidentielle, parce qu'elle n'est enseignée que dans les dernières années d'études, nécessitant un solide bagage physique et mathématique, la relativité et la mécanique quantique notamment.

Et Dirac créa l'antimatière

Comme nous le verrons, Paul Dirac a su lire dans son équation beaucoup plus que ce pour quoi il l'avait imaginée initialement : l'existence de l'antimatière, à nouveau une révolution conceptuelle et pratique. En ce sens, elle est le parfait exemple de la puissance de l'esprit sur la matière – tous les adeptes du bouddhisme

$(i\gamma^\mu \partial_\mu - m)\psi = 0$

devraient faire cinq ans de physique après le bac pour comprendre cette équation.

En 1928, mécanique quantique et relativité ont déjà été formulées et largement exploitées chacune de leur côté. Mais les tentatives pour les concilier restent maladroites et infécondes. Pour décrire une particule quantique et relativiste, il existe bien une équation, l'équation de Klein-Gordon :

$$(\Box + m^2)\Phi = 0$$

Toutefois, elle reste purement théorique, puisqu'elle ne s'applique pas aux particules connues comme l'électron ou le proton, qui constituent les atomes. D'ailleurs, vous conviendrez que graphiquement, ce n'est pas une réussite, avec son $\Box$ et son gros Φ patauds.

La raison pour laquelle cette équation ne décrit pas bien l'électron par exemple, est reliée à une propriété des particules : leur spin. Le verbe *to spin* signifie en anglais « tourner sur soi-même », et l'image la plus fréquemment employée est celle d'une particule tournant sur elle-même comme une toupie. En réalité, le spin est une notion typiquement quantique, qui n'implique pas l'idée d'une toupie solide : une particule élémentaire, donc ponctuelle, peut très bien avoir un spin, et c'est le cas de l'électron.

Le spin conditionne en particulier la façon dont la particule interagit avec un champ magnétique : on peut donc mesurer le spin d'un électron en regardant sa déviation par une certaine configuration de champ magnétique. On constate que la mesure ne peut donner que deux valeurs (et non une continuité de valeurs), que l'on associe à des états de spin (↑) et (↓).

En 1928 donc, le spin de l'électron est connu depuis quelques années et bien expliqué par la mécanique quantique. Or l'équation de Klein-Gordon ignore le spin : il semble impossible de décrire un électron de façon à la fois quantique et relativiste, alors même que ces deux théories ont déjà révolutionné la physique !

Où l'équation remplit son rôle

La vision géniale de Dirac, c'est de réaliser que l'équation de Klein-Gordon, trop simpliste, dissimule peut-être la subtilité du spin... Il imagine que l'expression ($\square + m^2$) peut se décomposer en deux facteurs : (D) × (D), chacun étant sensible au spin alors que leur produit ne l'est pas. Ainsi, l'expression (D) serait en quelque sorte la racine carrée de l'expression ($\square + m^2$).

Une analogie pour comprendre : soit le nombre « 4 ». Je peux l'avoir obtenu en prenant le carré du nombre 2 : 4 = (2) × (2). Mais je peux aussi avoir considéré le carré du nombre − 2 : 4 = (− 2) × (− 2). Ainsi, en passant au carré, j'ai perdu l'information sur le signe entre + 2 et − 2. De même, l'équation de Klein-Gordon perdrait-elle l'information sur le spin.

Dirac saisit qu'il peut effectuer cette décomposition et écrire le facteur (D) s'il traite séparément les composantes ↑ et ↓ de l'électron, à condition de les combiner harmonieusement à l'aide des coefficients γ_μ que vous voyez dans l'équation. En passant, il découvre les propriétés mathématiques amusantes de ces coefficients pour lesquels $A \times B$ n'est pas égal à $B \times A$...

Cela non pour vous donner une véritable explication, mais pour vous faire sentir que déjà, à ce stade, l'invention de cette équation témoigne d'une large culture, d'une belle imagination, et d'une grande liberté de penser.

L'équation obtenue décrit donc bien l'électron et permet des applications immédiates, par exemple le calcul fin des niveaux d'énergie des électrons dans les atomes, dont le résultat est parfaitement en accord avec les mesures.

Des solutions très physiques

L'histoire pourrait s'arrêter là, Dirac aurait certainement reçu son prix Nobel, et son équation serait enseignée dans les universités. Mais le plus beau reste à venir.

Il remarque en effet que son équation possède deux types de solutions : le premier type correspond à la description des électrons avec leur spin, comme il l'avait souhaité au départ. Le second type comporte une fonction mathématique solution de l'équation, mais ses paramètres sont tels qu'il est impossible de l'interpréter en termes d'électrons. L'énergie de telles particules serait en effet négative...

Il faut savoir qu'il s'agit d'une situation très fréquente en physique. Pour modéliser un phénomène, on s'ingénie à construire une belle équation. Lorsqu'on y parvient, la quantité ou la fonction qui porte le modèle est une solution de l'équation par construction. Mais il peut exister d'autres solutions, qui ne correspondent à rien de physique. Elles sont « en trop », sans que cela ne gâche en rien le mérite initial de l'équation. Il suffira de s'en prémunir en accompagnant le mode d'emploi de l'équation d'un avertissement : « Dans la suite des calculs, on veillera à exclure les solutions non physiques. »

C'est ce qu'aurait fait n'importe quel physicien moyen, ou même très bon, qui aurait trouvé cette équation. Mais Dirac ne s'en contente pas. Que signifie cette solution supplémentaire ? Quel pourrait être le sens physique d'un électron d'énergie négative ? Il se rend compte que la solution excédentaire pourrait aussi décrire une particule bien réelle, de même masse que l'électron, pourvu qu'elle ait une charge électrique opposée.

Et Dirac y croit. Ces nouvelles solutions ne sont nullement parasites. Tout est trop cohérent pour être inutile : ces solutions inattendues doivent décrire de vraies particules, qui existent bel et bien dans la nature. Dirac invente les antiparticules : le positon sera l'antiparticule de l'électron, l'antiproton celle du proton. Positon et antiproton pourraient alors s'assembler pour former des antiatomes, qui eux-mêmes formeraient des antimolécules...

L'antimatière existe !

Par ce geste fondateur, Dirac invente ainsi l'antimatière, un monde miroir de la matière ordinaire. Il se rend même compte qu'il est possible de créer des paires particule/antiparticule à partir d'énergie pure, et qu'inversement une particule et son antiparticule peuvent s'annihiler en énergie.

Lorsque Carl Anderson, en 1932, observe dans les interactions de rayons cosmiques la trace d'un « électron », mais de la charge opposée, il sait qu'il vient de découvrir expérimentalement le positon prédit par Dirac quatre ans plus tôt. Depuis, on a observé les antiparticules de toutes les particules connues. Particules et antiparticules sont aujourd'hui étudiées à parts égales dans les expériences de physique. Le positon a même trouvé des applications pour l'imagerie médicale – c'est la tomographie à émission de positons ou TEP – et le contrôle des matériaux.

Du point de vue théorique, l'existence des antiparticules marque aussi une révolution. Puisqu'une paire particule-antiparticule peut être créée à partir d'énergie pure, cela signifie que certains événements mettant en œuvre suffisamment d'énergie concentrée dans un très petit espace sont susceptibles d'engendrer de telles paires. Prenez la collision de deux particules A et B : moyennant quelques conditions, elle va conduire à l'apparition d'une paire électron-positon selon l'équation

$$A + B \rightarrow A + B + e^+ + e^-$$

Par conséquent, les réactions entre particules élémentaires ne conservent pas le nombre de particules ! On est très loin de l'intuition « classique » où les particules seraient des boules de billard – ou alors un drôle de jeu où le nombre de boules varie après chaque choc...

Croire en une équation

Ce raisonnement s'étend à n'importe quelle particule connue, voire *inconnue* : avec suffisamment d'énergie, il est possible de la créer sous la forme d'une paire particule-antiparticule. Pour être complet, ajoutons que certaines particules comme le photon (neutres pour la charge électrique et toutes les autres charges) sont leurs propres antiparticules et peuvent donc être produites seules dans une réaction.

Les collisions de particules connues deviennent ainsi un moyen de sonder une physique inconnue : c'est le principe même des expériences menées sur les grands accélérateurs de particules comme le LHC du Cern, qui fait entrer en collision des protons à une énergie (par particule) très élevée. Contrairement à ce qu'on pourrait penser à partir d'une intuition « classique », les particules qu'on observe après la collision de deux protons à très haute énergie ne sont pas les fragments des protons initiaux. Ce sont (essentiellement) des particules créées à partir de l'énergie de collision.

Comment une équation parvient-elle, à elle seule, à étendre d'un coup le domaine du savoir bien au-delà de ce pourquoi elle a été inventée ? Est-ce parce qu'elle contient elle-même une large part de vérité ? Ou ne fait-elle que révéler des faits que nous savions déjà, sans avoir su les interpréter ?

Mais surtout, comment Dirac a-t-il pu avoir une telle foi dans son équation ? Pourquoi sa culture (immense) et sa pratique l'ont-elles amené à ne pas réagir comme le physicien moyen, à ne pas confondre le circonstanciel et le fondamental ?

Aussi élégante dans son graphisme que profonde dans son message, aussi condensée dans son langage que créative dans sa conception, l'équation de Dirac m'émeut comme les plus belles poésies. « L'étoffe dont sont faits les rêves », écrivait Shakespeare dans *La Tempête*...

Chapitre 14

Les diagrammes de Feynman

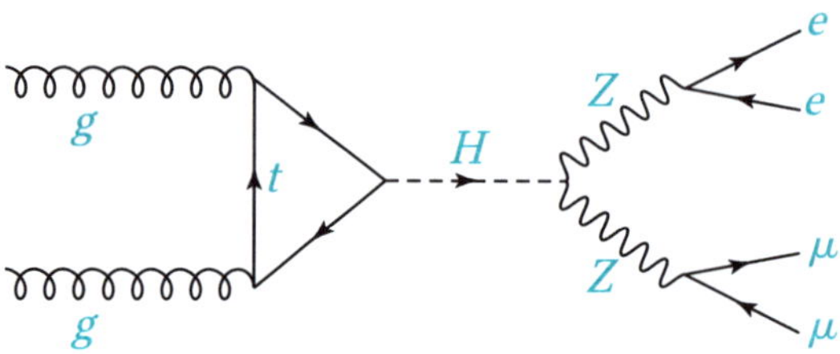

Ce chapitre n'a pas pour sujet *une* équation, comme les précédents, mais un système de petits dessins servant à *représenter* des équations, quasiment toutes les équations qui, pour nous, gouvernent le mouvement et les interactions des particules élémentaires. Ce sont les diagrammes de Feynman, du nom de leur inventeur Richard Feynman (1918-1988). Ils constituent un langage qui sert à représenter et même encoder des équations souvent très complexes. Bien qu'ils ne changent pas la théorie fondamentale sous-jacente, ces diagrammes vont faciliter les calculs, puis la pensée elle-même, au point de dominer toute la pratique de la physique des particules. Voilà une bonne occasion de se poser la question de ce qui précède : une théorie ou sa représentation ? Quel rôle jouent nos images mentales, même les plus abstraites, dans notre vision du monde ?

Le cadre de toute cette physique des particules moderne, c'est la théorie quantique des champs ou TQC, sous-entendu des champs

γ
e
e

relativistes. Elle découle du mariage plus ou moins harmonieux de la relativité (restreinte, celle de $E = mc^2$) et de la mécanique quantique. Après le pas spectaculaire accompli par l'équation de Dirac, la théorie quantique relativiste se développe rapidement, et la conception des particules, des interactions, et même du vide change radicalement. Une des conséquences les plus étonnantes est qu'à présent, le nombre de particules n'est pas conservé lors des interactions. La mécanique quantique avait remis en cause presque toutes les notions intuitives : position, vitesse, énergie, fréquence, mais une particule restait une particule. Après Dirac et la découverte des antiparticules, rien n'empêche par exemple qu'au cours d'une interaction, de l'énergie se transforme en une paire particule-antiparticule.

Dans les années 1930, on parvient à couler tout cela en équations et à calculer des probabilités de réaction qui tiennent compte de ces effets. Pourtant, ces calculs sont assez lourds. Les variables utilisées sont des opérateurs mathématiques, à la grammaire complexe et peu élégante. Et il faut d'excellents physiciens pour arriver à formuler des prédictions théoriques précises sur des interactions simples entre électrons, photons et noyaux atomiques, prédictions que les expériences confirment de façon spectaculaire : la conversion de photons en paires électron-positon, le rayonnement de photons par des électrons passant au voisinage d'un noyau, etc.

Des calculs fastidieux

Parés de ces premiers succès, les physiciens attaquent d'autres calculs un peu plus ambitieux, pour se rendre compte alors que certaines probabilités d'interaction calculées ont une fâcheuse tendance à devenir... infinies. En effet, le caractère « quantique » de la théorie admet des fluctuations d'énergie par exemple, et son caractère « relativiste » autorise la conversion d'énergie en matière... On voit apparaître ici et là des particules, réelles ou « virtuelles », dont on ne peut maîtriser ni le nombre ni l'énergie. Voilà que les calculs perdent tout leur sens. Il faudra des années de tâtonnements (entre la fin des années 1930 et 1960) pour construire la « renormalisation », un procédé assez louche sur le plan mathématique, mais suffisamment clair sur le sens physique, qui redonne tout son sens à la théorie quantique relativiste.

Ce faisant, les calculs sont devenus extrêmement fastidieux, les équations sont de longues suites d'opérateurs mathématiques, et pour le calcul d'une seule probabilité d'interaction, la simple comptabilité des équations et de leurs termes semble devenir le facteur limitant.

C'est d'autant plus irritant que ces équations sont toujours un peu semblables, mais jamais vraiment les mêmes. On a l'impression de passer son temps à refaire les mêmes pas mais, faute d'une organisation plus claire des calculs, nul ne sait comment éviter ces redites.

Un petit diagramme pour un long calcul

C'est là qu'intervient Feynman. Prodigieux physicien, il est à l'origine de plusieurs contributions fondamentales. Au début des années 1950, c'est un jeune homme brillant, qui vient de participer au projet Manhattan, l'élaboration de l'arme nucléaire à Los Alamos. En particulier, la conception de la bombe fait appel pour la première fois aux calculs numériques sur les tout premiers ordinateurs. Ces ordinateurs sont très limités, très lents, et la programmation est rudimentaire, et Feynman met toute sa créativité à identifier les répétitions, les dépendances et interdépendances, et à organiser ces calculs de façon optimale.

Revenu à la physique fondamentale, il est vite lassé par le côté fastidieux des calculs quantiques relativistes, et il leur cherche une grammaire, une organisation. Il se rend compte que chaque terme correspond à une image classique très simple, par exemple :

pour un terme de propagation d'un électron (ci-dessus, à gauche), d'un photon (à droite), et :

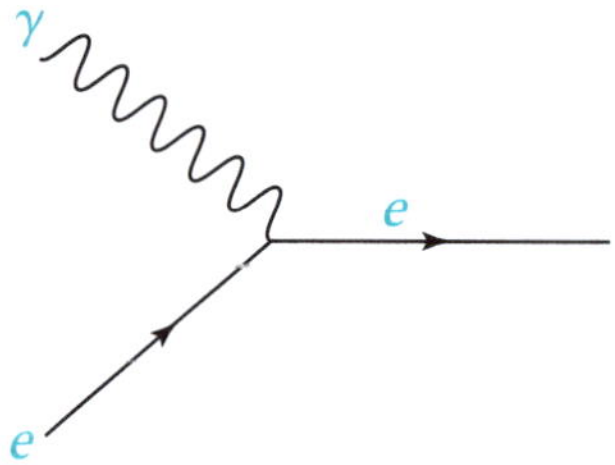

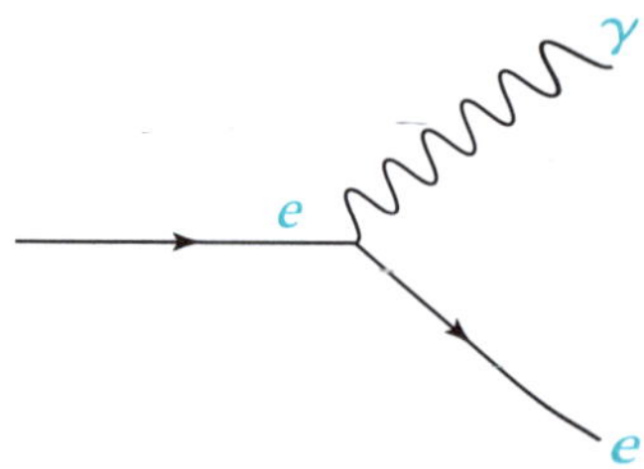

pour l'absorption ou l'émission d'un photon par un électron.

Il énonce les règles implicites des calculs, et les règles correspondantes sur les petits dessins. Enfin, il traduit en diagrammes les calculs déjà connus à cette époque. Ainsi, la probabilité de diffusion d'un photon sur un électron se calcule par la formule déjà passablement complexe :

$$\bar{u}(p')\left[\epsilon'^{*}_{\nu}\,(ie\gamma^{\nu})\,\frac{i(\not{p}+\not{k}+m)}{(p+k)^{2}-m^{2}}\,(ie\gamma^{\mu})\,\epsilon_{\mu}\right]u(p)$$

qui peut être représentée par le diagramme simplissime :

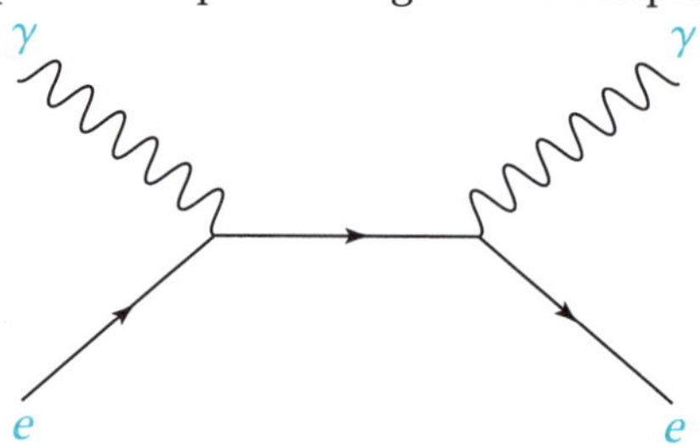

À ce stade, les « diagrammes de Feynman » ne sont encore qu'une commodité de description. Puis, ils deviennent un pense-bête, car il est beaucoup plus facile de dénombrer les diagrammes, très différents visuellement, que les équations. Pour finir, ils deviennent un langage. C'est l'outil idéal : ils proposent une traduction fidèle de calculs compliqués sous une forme visuelle simple et intuitive.

Un puissant langage

Le succès des diagrammes de Feynman est fulgurant. La renormalisation, le procédé qui permet de donner un sens aux calculs dont les résultats seraient autrement infinis, si pénible jusque-là, s'illustre facilement en diagrammes, au point qu'on peut se demander lequel est le plus fondamental, la théorie ou le diagramme ? D'ailleurs, Feynman apporte une contribution essentielle à la mise en place claire de ce procédé.

Depuis, il est impossible d'entrer dans le bureau d'un physicien, d'un théoricien ou d'un expérimentateur sans voir sur le tableau quelques diagrammes de Feynman.

Conçue au départ pour la seule électrodynamique (c'est-à-dire l'interaction électromagnétique entre électrons, positons, photons, noyaux, etc.), la théorie quantique des champs va bientôt inclure toutes les interactions (nucléaire forte, nucléaire faible) et toutes les particules élémentaires. Et il se révèle très facile d'adapter les diagrammes, qui représentent de façon toujours intuitive des processus complexes, cachant ainsi des calculs dont le développement serait sinon extrêmement long, en tout cas bien peu intéressant hormis leur résultat.

Par exemple, la production et la désintégration (l'une des possibilités) d'un boson de Higgs à l'accélérateur LHC du CERN sont contenues dans le diagramme qui ouvre ce chapitre.

Grâce à sa grammaire précise, la description en diagrammes se prête aussi merveilleusement au calcul numérique. Imaginons qu'un théoricien vienne à inventer une nouvelle théorie, à partir de principes fondamentaux, et qu'on souhaite en comparer les prédictions aux observations des collisions produites par un accélérateur de particules, le LHC du Cern, mettons. Si cette théorie est prédictive, elle indique quelles sont les particules élémentaires et quelles sont leurs règles d'interaction. Pour permettre le calcul de quantités expérimentales, le physicien énonce alors les « règles de Feynman » de sa théorie. D'autres physiciens vont alors traduire ces règles en code informatique, ajouté à de grands programmes qui génèrent automatiquement tous les diagrammes de Feynman nécessaires au calcul. Enfin, les expérimentateurs du LHC reprendront tout aussi automatiquement le résultat du code précédent pour générer des événements simulés, et les comparer aux vrais événements observés dans les collisions de particules. Aujourd'hui, cette suite de programmes a atteint des performances étonnantes, reproduisant dans les simulations toute la physique connue, jusque dans ses effets les plus subtils.

Rêver en diagrammes de Feynman

Il y a d'autres cas en sciences où des diagrammes représentent des calculs ou des structures, comme les diagrammes de Venn en théorie des ensembles, les diagrammes de Young ou de Dynkin en théorie des groupes, et bien en dehors des sciences pures, jusqu'en jonglerie où les croisements de bras sont notés en diagrammes... Mais je ne pense pas qu'aucun de ces systèmes n'ait acquis le même statut de langage que les diagrammes de Feynman en physique des particules.

Les structuralistes, Claude Lévi-Strauss en tête, se sont aussi hasardés à décrire les interactions humaines en diagrammes, sans vraiment de succès, à mon goût du moins. Jacques Lacan bien sûr, toujours avide d'une reconnaissance « scientifique », a convoqué de nombreux diagrammes, mais il serait difficile d'y voir une description précise et non ambiguë d'un effet ou d'un concept. Je défie un psychanalyste qui n'aurait pas lu (ou retenu !) les *Écrits*, de me dire au débotté à quoi correspond tel ou tel diagramme. Alors que pour un physicien, un diagramme de Feynman est toujours la représentation d'une équation précise, unique.

On pense, on dialogue, et surtout on imagine en diagrammes de Feynman. Il m'est même arrivé de rêver en diagrammes de Feynman : lors d'une période un peu compliquée de ma vie privée, et en même temps un moment d'intense activité professionnelle. Un rêve naïf, où je tentais de décrire en diagrammes des choix personnels difficiles. Dans le rêve, j'avais bien conscience que ces problèmes étaient délicats à « renormaliser », que les choix multiples faisaient intervenir un grand nombre de diagrammes, peut-être infini. Hélas, les méthodes de la théorie des champs sont de peu d'aide en matière humaine, et au réveil, une impression assez désagréable de mélange stérile entre rêve et réel, privé et professionnel... Heureusement, ces rêves se sont révélés très rares, étonnamment rares même, pour moi tout au moins.

Chapitre 15
Le modèle standard

$$L = -\frac{1}{4}F_{\mu\nu}F^{\mu\nu} + i\bar{\psi}\not{D}\psi + h.c. + \psi_i\gamma_{ij}\psi_j\varphi + h.c.$$
$$+ |D_\mu\varphi|^2 - \left[\frac{1}{2}\mu^2|\varphi|^2 + \frac{1}{4}\lambda|\varphi|^4\right]$$

Cette formule constitue la base du « modèle standard » de la physique des particules, la meilleure théorie dont nous disposons à ce jour pour décrire les briques élémentaires de la nature et la structure de leurs interactions. Bref, tout ce qui leur permet d'interagir, de s'assembler et de construire l'Univers que nous connaissons, du Big Bang jusqu'aujourd'hui.

L'équation est si célèbre qu'elle est imprimée sur les T-shirts et les mugs souvenirs vendus au Cern, le grand centre de physique des particules situé près de Genève, à cheval sur la frontière franco-suisse.

À la cafétéria du Cern

Ma première venue au Cern eut lieu en 1979, au tout début de mon doctorat alors que j'accompagnais mon directeur de thèse,

$$L = -\frac{1}{4}F_{\mu\nu}F^{\mu\nu} + i\bar{\psi}\not{D}\psi + h.c. + \psi_i\gamma_{ij}\psi_j\varphi + h.c.$$
$$+ |D_\mu\varphi|^2 - \left[\frac{1}{2}\mu^2|\varphi|^2 + \frac{1}{4}\lambda|\varphi|^4\right]$$

Marcel Banner. Au Commissariat à l'énergie atomique de Saclay, notre équipe avait conçu un prototype de détecteur que nous souhaitions tester dans un faisceau de particules. Nous avons donc débarqué un lundi matin, et nous sommes allés tout de suite dans le hall expérimental où arrivait le faisceau. Je ne connaissais le CERN que par des textes et des photos, et j'ai à peine eu le temps d'entrevoir la réalité de ce hall – de longs couloirs sans plafond, entre des blocs de béton gris, avec au bout des appareillages compliqués d'où émergeaient câbles et tuyaux.

Dans la ligne de faisceau qui nous était réservée, il n'y avait presque rien : tout juste voyait-on le tube d'où les particules étaient censées provenir, puis, au-delà, rien qu'un sol et deux murs, tous constitués de blocs de béton brut. Marcel me demanda si je savais me servir d'une perceuse, et je répondis que oui. Il me mit alors entre les mains un énorme perforateur à béton. Un faisceau de test requiert en effet un certain nombre de détecteurs qui enregistrent le temps de passage et la position des particules. Ces « compteurs » sont fixés au plancher et aux murs tout au long du faisceau, entre le tube d'arrivée des particules, qui vient de l'accélérateur lui-même, et la zone où se trouve l'appareillage que l'on essaie.

J'ai donc commencé mon premier séjour au Cern... en forant des trous au perforateur dans du béton, plutôt résistant d'ailleurs ! Marcel était un bourreau de travail, et tout s'enchaînait sans un instant de repos : accrocher les compteurs, puis tirer sur des dizaines de mètres les câbles jusqu'à la petite salle de contrôle locale où se trouve l'ordinateur qui enregistrerait toutes les données du test, régler toute l'électronique, ajuster les amplificateurs, les circuits logiques, tester le programme d'acquisition de données. Arrivés le lundi matin, nous avons terminé l'installation le mercredi midi, avec comme seules pauses des repas rapides à la cantine voisine. Tout fonctionnait, prêt à recevoir les premières particules du faisceau et à tester notre prototype.

J'étais dans un état étrange, les bras douloureux, le corps vibrant encore sous les secousses du perforateur, la tête emplie de ce que je venais d'apprendre en voyant mon maître régler à toute vitesse une électronique compliquée. Avant d'aller nous coucher, nous sommes allés prendre une bière à la cafétéria centrale, et je me suis effondré dans un fauteuil devant une table basse. Autour de nous, on parlait anglais bien sûr, mais aussi toutes sortes d'autres langues. Un café à la main, les gens conversaient, s'emportaient, crayonnaient sur des serviettes en papier. Deux tables plus loin, Murray Gell-Mann (prix Nobel 1969) discutait avec Carlo Rubbia (déjà très connu, il n'avait pas encore reçu son prix Nobel, décerné en 1984). Dans cet état étrange de brouillard et de lucidité qu'induit le manque de sommeil, j'ai pensé : ça y est, j'y suis.

Le retour du lagrangien

Revenons à l'équation du modèle standard. La forme « L = ... » indique qu'il s'agit d'un lagrangien, cet opérateur que nous avons déjà rencontré au chapitre 2. Le terme de droite est donc la description mathématique des composants de la matière et de leurs interactions, pour cette théorie. Les deux premiers termes correspondent en gros à l'électromagnétisme après l'invention de l'équation de Dirac, le premier pour les photons, le second pour les électrons et positons.

Dans les termes suivants, vous noterez la lettre « φ », qui n'est autre que le champ « de Higgs », plus connu sous le nom « boson de Higgs ». Cette nouvelle particule, essentielle pour la cohérence du modèle standard, apparaît pour la première fois en 1964, puis, en quelques années, l'équation a pris la forme ci-dessus.

Entre 1930 et 1960, la physique nucléaire a beaucoup progressé. Dans les rayons cosmiques d'abord – ces particules qui viennent du ciel – puis auprès des accélérateurs, on a découvert des particules nouvelles, qui ne sont pas des constituants de la matière ordinaire, et de nouvelles interactions.

La théorie a aussi évolué, ou plutôt les théories, car au début chaque type d'interaction requiert sa propre théorie : l'électromagnétisme qui décrit électrons et photons, l'interaction nucléaire faible qui décrit les désintégrations radioactives, l'interaction forte qui décrit la cohésion des noyaux des atomes. Vers 1960, on comprend bien qu'il y a des similitudes entre ces interactions, mais on ne parvient pas à leur donner un cadre théorique vraiment cohérent. En particulier, les théories de l'électromagnétisme, et de l'interaction faible apparaissent à la fois très proches mais séparées par un obstacle infranchissable.

C'est alors qu'en 1964 paraissent deux articles, le premier rédigé par deux physiciens belges, Robert Brout et François Englert, le second par l'Écossais Peter Higgs, qui donnent la clé du problème. Il s'agit d'introduire un nouveau « champ », aux propriétés étranges : sa simple existence modifie les propriétés de toutes les autres particules, dont leurs masses et leurs interactions. Cette nouvelle théorie contourne de façon très élégante l'obstacle qui séparait les théories de l'électromagnétisme et de l'interaction faible : il s'agit bien d'une interaction unique, mais la simple présence du champ de Higgs les fait apparaître sous deux formes distinctes. Ce « déguisement » se fait en douceur, et de façon cohérente pour toutes les particules.

Surtout, la théorie formule une série de prédictions inattendues, mais qu'on peut envisager de tester auprès d'accélérateurs présents ou futurs. Il existerait ainsi une particule appelée Z^0, analogue au photon, mais avec une masse très élevée, environ cent fois la masse d'un proton. De plus, le nouveau champ pourrait se manifester sous la forme d'une autre particule inédite, qui sera très vite connue dans la communauté sous le nom de « boson de Higgs ».

À partir de là, le principal obstacle est levé, et le modèle standard se construit tout en suivant l'évolution des accélérateurs : on interprète certaines particules déjà connues dans ce cadre (muons, neutrinos), et on en découvre d'autres (les quarks qui constituent les protons et les neutrons, puis d'autres types de quarks), qui à chaque fois entrent parfaitement dans le cadre du modèle. En 1984, le Z^0 est découvert au Cern ; en 1995, le dernier et le plus massif des quarks compris dans le modèle est identifié au laboratoire Fermi de Chicago.

La traque du *Higgs*

Mais où est donc le *Higgs ?* La théorie du modèle standard décrit tout de lui... sauf le plus important du point de vue expérimental : sa masse. Tout juste indique-t-elle une gamme de masses possibles, dont la valeur haute est très au-delà des possibilités des accélérateurs des années 1970. On le recherche donc à chaque nouvel accélérateur mis en service, mais un peu au petit bonheur, puisqu'on ne sait jamais si l'énergie mise en jeu sera suffisante pour créer des *Higgs*. En 1989 (le 14 juillet, une date facile à se rappeler pour les Français !), le Cern met en service le LEP, un très grand « collisionneur » électrons–positons, de 8,6 km de diamètre. Jusqu'en 2000, le LEP effectue un nombre impressionnant de mesures qui complètent et affinent le modèle standard, mais le *Higgs* reste hors de portée.

Dès 1984, quelques dizaines de physiciens s'étaient réunis à Lausanne pour discuter de l'après-LEP : pourquoi ne pas utiliser le même tunnel, et remplacer le LEP par un collisionneur proton-proton, qui atteindrait des énergies beaucoup plus élevées, le LHC ? Si le LEP découvre le *Higgs*, le LHC permettra de mieux explorer ses propriétés au sein du modèle standard. Sinon, le LHC aura suffisamment d'énergie pour couvrir toute la gamme possible, et pourra presque à coup sûr découvrir le *Higgs*, s'il existe.

J'ai participé à cette réunion de Lausanne ; j'étais alors étudiant puisque 1984 est l'année de ma thèse. L'ambiance était très enthousiaste et créative, mais je ne peux pas dire qu'on y croyait vraiment...

On prenait conscience des défis immenses que représentaient la conception et la réalisation d'un tel projet. Pour l'accélérateur, comme pour les expériences qui devraient observer les collisions, les performances devaient être très supérieures au savoir-faire de l'époque. Le champ magnétique des aimants, la précision des détecteurs, les vitesses de l'électronique, la quantité de données à traiter, etc. : on évaluait « à la louche » chacune des caractéristiques nécessaires, et à chaque fois le premier résultat semblait plutôt effrayant.

Mais en y regardant de plus près, et compte tenu des avancées technologiques prévisibles, pourquoi pas ?

Une éclatante confirmation

La suite est connue : une dizaine d'années de conception technique et de diplomatie pour convaincre les États membres, et plusieurs autres pays, puis une autre dizaine d'années de construction, sur place et une multitude de laboratoires du monde entier, et en 2008, le LHC reçoit ses premiers faisceaux. Après des débuts un peu chaotiques, accélérateur et expériences atteignent un bon niveau de fonctionnement en 2011 et 2012, et dans les nombreuses collisions produites, les équipes recherchent ardemment le *Higgs.*

Le 4 juillet 2012, après donc plus de vingt ans de travail de préparation et seulement deux ans d'exploitation du LHC, la direction du Cern organise dans le grand auditorium un séminaire spécial, qui a pour titre « Recherche du boson de Higgs à LHC par les expériences ATLAS et CMS ». ATLAS et CMS sont les grandes collaborations (trois mille physiciens chacune) qui exploitent deux immenses détecteurs situés à deux points opposés de la circonférence du LHC, là où sont produites les collisions de protons. Les expériences sont indépendantes, et même concurrentes, et leurs résultats préliminaires sont gardés secrets.

Comme tous mes collègues d'ATLAS, je connais le résultat que va présenter la porte-parole de l'expérience, Fabiola Gianotti, mais j'ignore en revanche ce que dira Joe Incandela, le porte-parole de CMS. Seuls le directeur général du Cern et les deux porte-parole connaissent les deux résultats. Dans ATLAS, les analyses de données ont mis en évidence le signe d'une nouvelle particule qui ressemble bien au *Higgs*, avec un très bon niveau de confiance. On se doute bien que si un tel séminaire a été organisé, avec la presse et les autorités de tutelle des États membres, c'est que CMS doit aussi avoir un signe favorable. D'ailleurs, Peter Higgs et François Englert sont là, invités par le Cern [11]. Mais ces deux résultats seront-ils compatibles ? Et, pour les spécialistes que nous sommes, à quoi ressemble en détail le signe vu par l'autre collaboration ? Nous nous apprêtons à comparer chaque graphique, chaque chiffre, à ce que nous avons noté dans notre expérience...

Joe présente le premier les résultats de CMS, une heure d'exposé, puis c'est au tour de Fabiola pour ATLAS. Les applaudissements retentissent longuement dans l'auditorium, puis c'est la conférence de presse, que chacun commente avec les journalistes de son pays...

Un peu plus tard, je me trouve seul, au calme. Je suis encore dans cet état de confusion et d'extrême lucidité qu'engendre le manque de sommeil, après des jours et des nuits passés à analyser les données. Et je repense à ma première visite au Cern et aux trous dans le béton. Ça y est : le *Higgs* inventé par les théoriciens en 1964 est découvert expérimentalement. Sa masse est de 125 GeV, environ 130 fois la masse du proton. Il est temps d'aller dormir.

Épilogue

Les limites du modèle standard… et la physique future

$$\boxed{?}\,\Psi = 0$$

Avec la confirmation expérimentale de l'existence du boson de Higgs, le modèle standard est achevé. Peter Higgs et François Englert reçoivent le prix Nobel en 2013. Mais la quête ne s'arrête pas là.

En effet, j'ai passé sous silence un point : l'équation du chapitre précédent n'est qu'une équation de principe du modèle standard. En pratique, le modèle contient nombre de paramètres libres et de petits arrangements, si bien que l'équation complète ressemble plutôt à celle reproduite... page suivante [12] !

Ci-dessus, voici l'équation dont rêvent les physiciens : épurée à l'extrême, aucun paramètre, la « vérité du monde » révélée en quelque sorte. Comme vous le voyez, avec notre modèle standard, on en est encore très loin !

Standard ?

Avant d'en montrer les limites, je voudrais revenir sur l'expression « modèle standard ». L'expression est intéressante car elle témoigne d'une science globalisée, dans tous les sens du terme.

$$-\frac{1}{2}\partial_\nu g^a_\mu \partial_\nu g^a_\mu - g_s f^{abc}\partial_\mu g^a_\nu g^b_\mu g^c_\nu - \frac{1}{4}g_s^2 f^{abc}f^{ade}g^b_\mu g^c_\nu g^d_\mu g^e_\nu +$$
$$\frac{1}{2}ig_s^2(\bar{q}^\sigma_i\gamma^\mu q^\sigma_j)g^a_\mu + \bar{G}^a\partial^2 G^a + g_s f^{abc}\partial_\mu \bar{G}^a G^b g^c_\mu - \partial_\nu W^+_\mu \partial_\nu W^-_\mu -$$
$$M^2 W^+_\mu W^-_\mu - \frac{1}{2}\partial_\nu Z^0_\mu\partial_\nu Z^0_\mu - \frac{1}{2c_w^2}M^2 Z^0_\mu Z^0_\mu - \frac{1}{2}\partial_\mu A_\nu\partial_\mu A_\nu - \frac{1}{2}\partial_\mu H\partial_\mu H -$$
$$\frac{1}{2}m_h^2 H^2 - \partial_\mu\phi^+\partial_\mu\phi^- - M^2\phi^+\phi^- - \frac{1}{2}\partial_\mu\phi^0\partial_\mu\phi^0 - \frac{1}{2c_w^2}M\phi^0\phi^0 - \beta_h[\frac{2M^2}{g^2} +$$
$$\frac{2M}{g}H + \frac{1}{2}(H^2+\phi^0\phi^0+2\phi^+\phi^-)] + \frac{2M^4}{g^2}\alpha_h - igc_w[\partial_\nu Z^0_\mu(W^+_\mu W^-_\nu -$$
$$W^+_\nu W^-_\mu) - Z^0_\nu(W^+_\mu\partial_\nu W^-_\mu - W^-_\mu\partial_\nu W^+_\mu) + Z^0_\mu(W^+_\nu\partial_\nu W^-_\mu -$$
$$W^-_\nu\partial_\nu W^+_\mu)] - igs_w[\partial_\nu A_\mu(W^+_\mu W^-_\nu - W^+_\nu W^-_\mu) - A_\nu(W^+_\mu\partial_\nu W^-_\mu -$$
$$W^-_\mu\partial_\nu W^+_\mu) + A_\mu(W^+_\nu\partial_\nu W^-_\mu - W^-_\nu\partial_\nu W^+_\mu)] - \frac{1}{2}g^2 W^+_\mu W^-_\mu W^+_\nu W^-_\nu +$$
$$\frac{1}{2}g^2 W^+_\mu W^-_\nu W^+_\mu W^-_\nu + g^2 c_w^2(Z^0_\mu W^+_\mu Z^0_\nu W^-_\nu - Z^0_\mu Z^0_\mu W^+_\nu W^-_\nu) +$$
$$g^2 s_w^2(A_\mu W^+_\mu A_\nu W^-_\nu - A_\mu A_\mu W^+_\nu W^-_\nu) + g^2 s_w c_w[A_\mu Z^0_\nu(W^+_\mu W^-_\nu -$$
$$W^+_\nu W^-_\mu) - 2A_\mu Z^0_\mu W^+_\nu W^-_\nu] - g\alpha[H^3 + H\phi^0\phi^0 + 2H\phi^+\phi^-] -$$
$$\frac{1}{8}g^2\alpha_h[H^4+(\phi^0)^4+4(\phi^+\phi^-)^2+4(\phi^0)^2\phi^+\phi^-+4H^2\phi^+\phi^-+2(\phi^0)^2H^2] -$$
$$gMW^+_\mu W^-_\mu H - \frac{1}{2}g\frac{M}{c_w^2}Z^0_\mu Z^0_\mu H - \frac{1}{2}ig[W^+_\mu(\phi^0\partial_\mu\phi^- - \phi^-\partial_\mu\phi^0) -$$
$$W^-_\mu(\phi^0\partial_\mu\phi^+ - \phi^+\partial_\mu\phi^0)] + \frac{1}{2}g[W^+_\mu(H\partial_\mu\phi^- - \phi^-\partial_\mu H) - W^-_\mu(H\partial_\mu\phi^+ -$$
$$\phi^+\partial_\mu H)] + \frac{1}{2}g\frac{1}{c_w}(Z^0_\mu(H\partial_\mu\phi^0 - \phi^0\partial_\mu H) - ig\frac{s_w^2}{c_w}MZ^0_\mu(W^+_\mu\phi^- - W^-_\mu\phi^+) +$$
$$igs_w MA_\mu(W^+_\mu\phi^- - W^-_\mu\phi^+) - ig\frac{1-2c_w^2}{2c_w}Z^0_\mu(\phi^+\partial_\mu\phi^- - \phi^-\partial_\mu\phi^+) +$$
$$igs_w A_\mu(\phi^+\partial_\mu\phi^- - \phi^-\partial_\mu\phi^+) - \frac{1}{4}g^2 W^+_\mu W^-_\mu[H^2+(\phi^0)^2+2\phi^+\phi^-] -$$
$$\frac{1}{4}g^2\frac{1}{c_w^2}Z^0_\mu Z^0_\mu[H^2+(\phi^0)^2+2(2s_w^2-1)^2\phi^+\phi^-] - \frac{1}{2}g^2\frac{s_w^2}{c_w}Z^0_\mu\phi^0(W^+_\mu\phi^- +$$
$$W^-_\mu\phi^+) - \frac{1}{2}ig^2\frac{s_w^2}{c_w}Z^0_\mu H(W^+_\mu\phi^- - W^-_\mu\phi^+) + \frac{1}{2}g^2 s_w A_\mu\phi^0(W^+_\mu\phi^- +$$
$$W^-_\mu\phi^+) + \frac{1}{2}ig^2 s_w A_\mu H(W^+_\mu\phi^- - W^-_\mu\phi^+) - g^2\frac{s_w}{c_w}(2c_w^2-1)Z^0_\mu A_\mu\phi^+\phi^- -$$
$$g^1 s_w^2 A_\mu A_\mu\phi^+\phi^- - \bar{e}^\lambda(\gamma\partial + m_e^\lambda)e^\lambda - \bar{\nu}^\lambda\gamma\partial\nu^\lambda - \bar{u}^\lambda_j(\gamma\partial+m_u^\lambda)u^\lambda_j -$$
$$\bar{d}^\lambda_j(\gamma\partial+m_d^\lambda)d^\lambda_j + igs_w A_\mu[-(\bar{e}^\lambda\gamma^\mu e^\lambda) + \frac{2}{3}(\bar{u}^\lambda_j\gamma^\mu u^\lambda_j) - \frac{1}{3}(\bar{d}^\lambda_j\gamma^\mu d^\lambda_j)] +$$
$$\frac{ig}{4c_w}Z^0_\mu[(\bar{\nu}^\lambda\gamma^\mu(1+\gamma^5)\nu^\lambda) + (\bar{e}^\lambda\gamma^\mu(4s_w^2-1-\gamma^5)e^\lambda) + (\bar{u}^\lambda_j\gamma^\mu(\frac{4}{3}s_w^2 -$$
$$1-\gamma^5)u^\lambda_j) + (\bar{d}^\lambda_j\gamma^\mu(1-\frac{8}{3}s_w^2-\gamma^5)d^\lambda_j)] + \frac{ig}{2\sqrt{2}}W^+_\mu[(\bar{\nu}^\lambda\gamma^\mu(1+\gamma^5)e^\lambda) +$$
$$(\bar{u}^\lambda_j\gamma^\mu(1+\gamma^5)C_{\lambda\kappa}d^\kappa_j)] + \frac{ig}{2\sqrt{2}}W^-_\mu[(\bar{e}^\lambda\gamma^\mu(1+\gamma^5)\nu^\lambda) + (\bar{d}^\kappa_j C^\dagger_{\lambda\kappa}\gamma^\mu(1+$$
$$\gamma^5)u^\lambda_j)] + \frac{ig}{2\sqrt{2}}\frac{m_e^\lambda}{M}[-\phi^+(\bar{\nu}^\lambda(1-\gamma^5)e^\lambda) + \phi^-(\bar{e}^\lambda(1+\gamma^5)\nu^\lambda)] -$$
$$\frac{g}{2}\frac{m_e^\lambda}{M}[H(\bar{e}^\lambda e^\lambda) + i\phi^0(\bar{e}^\lambda\gamma^5 e^\lambda)] + \frac{ig}{2M\sqrt{2}}\phi^+[-m_d^\kappa(\bar{u}^\lambda_j C_{\lambda\kappa}(1-\gamma^5)d^\kappa_j) +$$
$$m_u^\lambda(\bar{u}^\lambda_j C_{\lambda\kappa}(1+\gamma^5)d^\kappa_j] + \frac{ig}{2M\sqrt{2}}\phi^-[m_d^\lambda(\bar{d}^\lambda_j C^\dagger_{\lambda\kappa}(1+\gamma^5)u^\kappa_j) - m_u^\kappa(\bar{d}^\lambda_j C^\dagger_{\lambda\kappa}(1-$$
$$\gamma^5)u^\kappa_j] - \frac{g}{2}\frac{m_u^\lambda}{M}H(\bar{u}^\lambda_j u^\lambda_j) - \frac{g}{2}\frac{m_d^\lambda}{M}H(\bar{d}^\lambda_j d^\lambda_j) + \frac{ig}{2}\frac{m_u^\lambda}{M}\phi^0(\bar{u}^\lambda_j\gamma^5 u^\lambda_j) -$$
$$\frac{ig}{2}\frac{m_d^\lambda}{M}\phi^0(\bar{d}^\lambda_j\gamma^5 d^\lambda_j) + \bar{X}^+(\partial^2-M^2)X^+ + \bar{X}^-(\partial^2-M^2)X^- + \bar{X}^0(\partial^2 -$$
$$\frac{M^2}{c_w^2})X^0 + \bar{Y}\partial^2 Y + igc_w W^+_\mu(\partial_\mu\bar{X}^0 X^- - \partial_\mu\bar{X}^+X^0) + igs_w W^+_\mu(\partial_\mu\bar{Y}X^- -$$
$$\partial_\mu\bar{X}^+Y) + igc_w W^-_\mu(\partial_\mu\bar{X}^-X^0 - \partial_\mu\bar{X}^0X^+) + igs_w W^-_\mu(\partial_\mu\bar{X}^-Y -$$
$$\partial_\mu\bar{Y}X^+) + igc_w Z^0_\mu(\partial_\mu\bar{X}^+X^+ - \partial_\mu\bar{X}^-X^-) + igs_w A_\mu(\partial_\mu\bar{X}^+X^+ -$$
$$\partial_\mu\bar{X}^-X^-) - \frac{1}{2}gM[\bar{X}^+X^+H + \bar{X}^-X^-H + \frac{1}{c_w^2}\bar{X}^0X^0H] +$$
$$\frac{1-2c_w^2}{2c_w}igM[\bar{X}^+X^0\phi^+ - \bar{X}^-X^0\phi^-] + \frac{1}{2c_w}igM[\bar{X}^0X^-\phi^+ - \bar{X}^0X^+\phi^-] +$$
$$igMs_w[\bar{X}^0X^-\phi^+ - \bar{X}^0X^+\phi^-] + \frac{1}{2}igM[\bar{X}^+X^+\phi^0 - \bar{X}^-X^-\phi^0]$$

Globalisée, car tous les physiciens du monde utilisent le même formalisme, les mêmes notations. Ils se sont mis d'accord pour dire qu'une certaine théorie est commune à tous, et qu'elle rend compte de toutes les mesures expérimentales effectuées jusqu'aujourd'hui.

On pourrait y voir une forme d'impérialisme, où toute idée « non standard » serait rejetée. D'ailleurs, comme beaucoup de mes collègues, je reçois fréquemment des lettres et des messages de personnes qui pensent avoir découvert le sens caché du monde, et qui prétendent souvent être ignorées par l'establishment, empêchées de publier, victimes de la dictature intellectuelle de la communauté scientifique. Dans leur imaginaire, le « modèle standard » est un dogme.

Or, c'est tout l'inverse ! C'est à nouveau une forme d'humilité et d'ouverture. On se met d'accord sur ce qui est « standard » pour mieux discuter de *ce qui pourrait ne pas l'être*. Le modèle est analysé, scruté, disséqué dans ses moindres détails. A-t-on exploré toutes les prédictions, au moins toutes les prédictions *testables* ? Peut-on imaginer une nouvelle expérience qui le testerait d'une autre manière ?

La grande cohérence du modèle fait qu'on peut le tester sous des aspects très divers : aussi bien dans les mesures des collisions de protons à très haute énergie au LHC, que dans des mesures de grande précision sur quelques atomes, ou encore dans l'observation du cosmos. Quelle que soit sa provenance, dès qu'une nouvelle mesure est effectuée, la communauté la confronte immédiatement au « modèle standard ». Est-elle en accord avec la prédiction du modèle pour cet effet, ou bien en désaccord ? Contrairement à ce que pensent ceux qui dénoncent l'impérialisme scientifique, le rêve du physicien dans ce domaine n'est pas de confirmer la théorie officielle, mais bien au contraire de trouver dans ses mesures un signe irréfutable que le modèle standard est mis en défaut.

D'ailleurs, même si nous l'utilisons tous les jours, nous sommes largement conscients de ses limites et de ses insuffisances. Avec la découverte du boson de Higgs en 2012 au LHC du Cern, le volet des « particules élémentaires » est complet et cohérent, mais ses principaux ingrédients restent inexpliqués. Par exemple, la matière comprend douze particules élémentaires rangées en trois familles de quatre particules : la première famille est celle qui sert à construire la matière ordinaire, les deux autres sont des répliques de la première avec des particules aux propriétés similaires mais aux masses plus élevées. Pourquoi y a-t-il ces trois familles, nul ne le sait, mais on constate que le modèle décrit bien les résultats des expériences, et aussi que ces trois familles lui confèrent certaines propriétés de symétrie subtiles qui ne pourraient pas être présentes pour une ou deux familles.

Les masses des particules, interprétées comme l'intensité de leur interaction avec le champ de Higgs, sont des paramètres libres de la théorie, tout comme toutes les autres intensités d'interaction, et il faut donc les mesurer expérimentalement. Il y a ainsi vingt-sept paramètres libres à fixer... De même, les structures mathématiques qui régissent les interactions sont bien identifiées, mais pourquoi celles-ci plutôt que d'autres ?

Si on accepte cette part d'arbitraire, d'expérimental, on dispose d'une théorie cohérente, puissante, qui a été testée par des dizaines de mesures très variées et qui n'a jamais été mise en défaut, du moins aux petites échelles de distances, dans le monde des particules élémentaires.

Mais où est la gravitation ?

Une autre insuffisance : cette théorie quantique ne comprend pas la gravitation. La gravitation reste décrite par la relativité générale, dont on n'a jamais su écrire une version « quantique ». Cela n'a aucune importance dans le monde des particules, où les forces de gravitation sont extrêmement faibles par rapport à celles des autres interactions. À l'échelle humaine, les deux théories cohabitent sans communiquer : nos particules, nos atomes obéissent au modèle standard, alors que notre corps dans son ensemble obéit à la gravitation. À l'échelle d'une étoile, les deux théories sont encore bien séparées, et ne s'influencent qu'à travers des effets très globaux, très simples, comme la conservation de l'énergie.

Encore plus grave : les observations astronomiques à des échelles plus larges révèlent que le comportement des galaxies, des amas de galaxies, et de l'Univers dans son ensemble n'obéit pas aux seules lois du modèle standard et de la relativité générale.

Non pas que ce couple « modèle standard plus relativité générale » soit une théorie « fausse » à ces échelles, mais elle semble à tout le moins incomplète. Pour obtenir une bonne description, il faut lui adjoindre plusieurs composantes, la célèbre « matière noire » et la non moins célèbre « énergie noire ».

Grâce à des mesures astronomiques précises, on est certain que ces composantes ne font pas partie du modèle standard actuel. Il y a pléthore de modèles possibles pour les décrire, mais aucun n'explique tout, aucun ne résout tous les problèmes à la fois. Aucun modèle ne surpasse les autres de loin, donc aucun n'est parvenu au niveau d'être adopté comme nouveau « modèle standard ».

Donc d'un côté se trouvent deux théories qui s'ignorent, et de l'autre de mystérieuses observations. La plupart des physiciens pensent donc qu'il y aura un jour une solution unique à ces deux problèmes : une théorie quantique de la gravitation, et l'élucidation de la nature de la matière noire et de l'énergie noire. Qui sait, la solution pourrait bien représenter un plus grand « changement de paradigme », et nous – ou nos petits-enfants – nous amuserons de la naïveté des théories du XXe siècle.

En attendant, nous utilisons cet outil incomplet, imparfait. Mais c'est toujours le cas lorsqu'on considère l'extrême pointe de l'avancée scientifique. Il faudra du temps, des hésitations, des allers-retours, des mesures justes, des mesures fausses qu'on corrigera, des articles plus ou moins bien écrits, des intuitions stériles ou fertiles, des découvertes majeures ou minuscules dans des domaines apparemment aussi éloignés que la cosmologie et la physique des accélérateurs, pour qu'un jour ce fatras de termes puisse être remplacé par un ou deux jolis caractères, symbolisant une théorie élégante, puissante, harmonieuse, comme celle que j'ai écrite en tête de ce chapitre :

$$\Box \psi = 0$$

ψ, c'est ici l'objet fondamental du monde, celui dont sont « faits » particules, champs, scalaires, spineurs, solitons, cordes, membranes, courbure, topologie...

$\Box$ désigne l'opérateur fondamental, la règle unique, *la* loi.

$= 0$ car c'est notre façon d'écrire l'existence du monde : un objet soumis à une loi. Une trajectoire, un équilibre. À l'intérieur de « $\Box \psi$ » il peut s'en passer des choses. De l'énergie peut être convertie en matière, la courbure de l'espace-temps peut être échangée contre de l'énergie, des fluctuations peuvent se développer, des trous noirs croître puis s'évaporer, l'Univers lui-même naître et disparaître (ou se pérenniser). Bref, tout est contenu dans $\Box \psi$.

Est-ce une réalité ? Existe-t-il *vraiment* un Univers et cette équation est-elle *vraiment* sa loi ? Ou cette équation n'est-elle que la représentation du moment, que nos petits esprits ont projeté sur l'Univers, voire sur eux-mêmes ?

La question est passionnante, mais un peu vaine, car à peine aura-t-on atteint cette belle conception intellectuelle, qu'elle sera à nouveau remise en cause. Une petite mesure de rien du tout qui refuse d'entrer dans le cadre, une expérience de pensée qui montre une contradiction interne, et on ajoutera des termes à $\Box \psi = 0$, on abandonnera sa pureté désormais inutile, et on travaillera sur :

$$\Box \psi + \alpha A + \beta B + \gamma C + \ldots = 0$$

jusqu'à la prochaine révolution scientifique, jusqu'au prochain changement de paradigme...

Notes

1. Notez qu'Euclide, s'il énonce la bonne loi, se trompe sur le sens de propagation, et pense que la « lumière » est le regard de l'œil !

2. Pas pour très longtemps : une toute première estimation de la vitesse de la lumière est proposée en 1675 par Rømer et Huygens en observant les satellites de Jupiter, une autre incroyable déduction. Valeur très imprécise (220 000 km/s), mais pas infinie, et du bon ordre de grandeur !

3. *As you like it* : « *It is as easy to count atomies as to resolve the propositions of a lover.* » Le terme anglais *lover* désigne un homme ou une femme, mais, dans le contexte de la pièce, il s'agit bien d'une femme. En toute honnêteté, *atomies* pourrait aussi désigner des poussières en suspension dans l'air, qui brillent dans un rayon de soleil, mais la référence aux atomes est permise...

4. Dans les pays anglo-saxons, le nombre d'Avogadro s'appelle le nombre de Loschmidt.

5. Patrick Puzo ; merci pour le clin d'œil !

6. Seul Otto Hahn a eu le prix Nobel de Chimie 1944. Pas Lise Meitner, qui pourtant est celle qui a réellement compris le mécanisme, et qui reste l'un des pires exemples de discrimination à cet égard...

7. Si la vitesse est petite par rapport à la vitesse de la lumière. Sinon, la formule est un peu plus compliquée mais rien ne change sur le fond.

8. 1 m/s est égal à 3,6 km/h.

9. Hervé Zwirn est l'auteur de plusieurs ouvrages sur ces sujets.

10. Ce qui a inspiré à Hubert Reeves la merveilleuse formule : « Nous sommes tous des poussières d'étoiles. »

11. Robert Brout est décédé en 2011.

12. Gutierrez : http://nuclear.ucdavis.edu/~tgutierr/files/sml.pdf.

TABLE

Cet ouvrage a été mis en pages
à Roubaix par

pixellence

Cet ouvrage a été achevé d'imprimer en avril 2019
dans les ateliers de Normandie Roto Impression s.a.s.
61250 Lonrai
N° d'édition : L.01EHBN001053.N001
N° d'impression : 1901932
Dépôt légal : mai 2019

Imprimé en France